普通高等院校土建类应用型人才培养系列规划教材

土木工程施工组织

主 编 续晓春

北京理工大学出版社
BEIJING INSTITUTE OF TECHNOLOGY PRESS

内容简介

本书以现行的国家标准和规范为依据,针对应用型本科教学的需要而编写。本书共五章,内容包括施工组织概论、流水施工原理、网络计划技术、施工组织总设计和单位工程施工组织设计。

本书可作为土木工程专业和工程管理专业本科生的教材,也可作为土木工程技术人员的参考书。

版权专有　侵权必究

图书在版编目（CIP）数据

土木工程施工组织/续晓春主编. —北京：北京理工大学出版社，2019.2（2019.3 重印）

ISBN 978-7-5682-6733-5

Ⅰ.①土… Ⅱ.①续… Ⅲ.①土木工程-施工组织-高等学校-教材 Ⅳ.①TU721

中国版本图书馆 CIP 数据核字（2019）第 031783 号

出版发行 / 北京理工大学出版社有限责任公司	
社　　址 / 北京市海淀区中关村南大街 5 号	
邮　　编 / 100081	
电　　话 /（010）68914775（总编室）	
（010）82562903（教材售后服务热线）	
（010）68948351（其他图书服务热线）	
网　　址 / http://www.bitpress.com.cn	
经　　销 / 全国各地新华书店	
印　　刷 / 河北鸿祥信彩印刷有限公司	
开　　本 / 787 毫米 × 1092 毫米　1/16	责任编辑 / 高　芳
印　　张 / 10	文案编辑 / 赵　轩
字　　数 / 217 千字	责任校对 / 周瑞红
版　　次 / 2019 年 2 月第 1 版　2019 年 3 月第 2 次印刷	责任印制 / 李志强
定　　价 / 28.00 元	

图书出现印装质量问题，请拨打售后服务热线，本社负责调换

前 言

土木工程施工组织是土木工程专业和工程管理专业的一门主要专业课，其主要任务是研究土木工程施工组织的客观规律。本课程具有实践性强、知识面广、综合性强等特点。通过本课程的学习，学生应掌握土木工程施工组织的基本原理和基本方法，初步具有编制土木工程施工组织设计的能力。

本书注重理论联系实践，简明扼要、通俗易懂、深入浅出、资料翔实，内容上力求符合现行的规范、标准及有关技术规程，重点突出应用型本科教学的特点和要求。全书共五章，内容包括施工组织概论、流水施工原理、网络计划技术、施工组织总设计和单位工程施工组织设计。

本书编写过程中参考了相关专家学者的著作，在此一并表示衷心的感谢。

由于编者水平有限，书中难免存在疏漏之处，敬请各位读者批评指正。

编 者

目 录

第一章 施工组织概论 (1)

第一节 基本建设程序 (1)
一、基本建设的概念 (1)
二、基本建设的分类 (2)
三、基本建设程序 (2)
四、工程建设的项目划分 (4)

第二节 土木工程产品 (4)
一、土木工程产品的特点 (4)
二、土木工程产品生产的特点 (5)

第三节 组织项目施工的基本原则 (6)
一、贯彻执行基本建设中的各项方针政策,坚持基本建设程序 (6)
二、严格遵守国家和合同规定的工程竣工及交付使用期限 (6)
三、合理安排施工程序和施工顺序 (6)
四、采用先进的施工技术科学组织施工 (7)
五、采用流水作业方式和网络计划技术组织施工 (7)
六、提高预制装配化程度 (7)
七、提高施工机械化水平 (7)
八、采取季节性施工措施,确保全年连续施工 (7)
九、减少暂设工程和临时性设施,合理布置施工平面图 (8)

第四节 施工组织设计 (8)
一、施工组织设计的概念 (8)
二、施工组织设计的作用 (8)
三、施工组织设计的分类 (9)

四、施工组织设计的编制依据 …………………………………………… (10)
　　五、施工组织设计的编制原则 …………………………………………… (10)
　　六、施工组织设计的内容 ………………………………………………… (10)
　第五节　施工准备工作 …………………………………………………………… (11)
　　一、施工准备工作的意义 ………………………………………………… (11)
　　二、施工准备工作的任务 ………………………………………………… (12)
　　三、施工准备工作的要求 ………………………………………………… (12)
　　四、施工准备工作的分类 ………………………………………………… (13)
　　五、施工准备工作的内容 ………………………………………………… (13)
　　六、施工准备工作计划 …………………………………………………… (20)

第二章　流水施工原理 ………………………………………………………………… (21)
　第一节　流水施工的基本概念 …………………………………………………… (21)
　　一、组织施工的方式 ……………………………………………………… (21)
　　二、流水施工的表示方式 ………………………………………………… (25)
　第二节　流水施工的基本参数 …………………………………………………… (26)
　　一、工艺参数 ……………………………………………………………… (26)
　　二、空间参数 ……………………………………………………………… (27)
　　三、时间参数 ……………………………………………………………… (31)
　第三节　流水施工的组织方法 …………………………………………………… (33)
　　一、流水施工的分类 ……………………………………………………… (33)
　　二、全等节拍流水施工 …………………………………………………… (34)
　　三、异节拍流水施工 ……………………………………………………… (37)
　　四、无节奏流水施工 ……………………………………………………… (43)

第三章　网络计划技术 ………………………………………………………………… (47)
　第一节　双代号网络计划 ………………………………………………………… (48)
　　一、双代号网络图的基本概念 …………………………………………… (48)
　　二、双代号网络图的绘制规则 …………………………………………… (51)
　　三、双代号网络图时间参数的计算 ……………………………………… (55)
　　四、标号法确定关键线路和计算工期 …………………………………… (64)
　第二节　单代号网络计划 ………………………………………………………… (65)
　　一、单代号网络图的基本概念 …………………………………………… (65)
　　二、单代号网络图的绘制规则 …………………………………………… (66)
　　三、单代号网络图时间参数的计算 ……………………………………… (68)

目 录

四、确定关键工作和关键线路 …………………………………………………… (70)

第三节 双代号时标网络计划 ……………………………………………………… (72)

一、双代号时标网络计划的绘制 …………………………………………………… (73)

二、双代号时标网络计划关键线路和计算工期的确定 …………………………… (75)

三、双代号时标网络计划时间参数的计算 ………………………………………… (75)

第四节 单代号搭接网络计划 ……………………………………………………… (76)

一、开始到开始的搭接关系 ………………………………………………………… (76)

二、结束到开始的搭接关系 ………………………………………………………… (76)

三、开始到结束的搭接关系 ………………………………………………………… (77)

四、结束到结束的搭接关系 ………………………………………………………… (77)

五、混合搭接关系 …………………………………………………………………… (77)

第五节 网络计划的优化 …………………………………………………………… (79)

一、工期优化 ………………………………………………………………………… (79)

二、工期—费用优化 ………………………………………………………………… (83)

三、资源优化 ………………………………………………………………………… (90)

第六节 网络计划的检查与调整 …………………………………………………… (91)

一、网络计划的检查 ………………………………………………………………… (91)

二、网络计划的调整 ………………………………………………………………… (92)

第四章 施工组织总设计 …………………………………………………………… (96)

第一节 施工组织总设计概述 ……………………………………………………… (96)

一、施工组织总设计的编制依据 …………………………………………………… (96)

二、施工组织总设计的编制程序 …………………………………………………… (97)

三、施工组织总设计的作用 ………………………………………………………… (97)

第二节 施工组织总设计的内容 …………………………………………………… (98)

一、工程概况 ………………………………………………………………………… (98)

二、施工部署 ………………………………………………………………………… (98)

三、施工总进度计划 ………………………………………………………………… (100)

四、资源总需要量计划 ……………………………………………………………… (102)

五、施工总平面图 …………………………………………………………………… (104)

六、技术经济指标 …………………………………………………………………… (117)

第五章 单位工程施工组织设计 …………………………………………………… (119)

第一节 单位工程施工组织设计概述 ……………………………………………… (119)

一、单位工程施工组织设计的编制依据 …………………………………………… (120)

二、单位工程施工组织设计的编制程序 (120)
三、单位工程施工组织设计的内容 (121)

第二节 工程概况 (121)
一、工程主要情况 (121)
二、各专业设计简介 (121)
三、工程施工条件 (121)

第三节 施工部署和施工方案 (122)
一、施工部署 (122)
二、施工方案 (123)

第四节 单位工程施工进度计划 (136)
一、单位工程施工进度计划的作用 (136)
二、单位工程施工进度计划的分类 (136)
三、单位工程施工进度计划的编制依据 (136)
四、单位工程施工进度计划的编制程序 (137)
五、单位工程施工进度计划的表示方法 (137)
六、单位工程施工进度计划的编制步骤 (137)

第五节 资源配置计划 (143)
一、劳动力需要量计划 (143)
二、主要材料需要量计划 (143)
三、构件和半成品需要量计划 (144)
四、施工机械需要量计划 (145)

第六节 单位工程施工平面图 (145)
一、单位工程施工平面图的设计内容 (146)
二、单位工程施工平面图的设计依据 (146)
三、单位工程施工平面图的设计原则 (146)
四、单位工程施工平面图的设计步骤 (147)

参考文献 (151)

第一章

施工组织概论

★本章简介

本章内容包括基本建设程序、土木工程产品、组织项目施工的基本原则、施工组织设计、施工准备工作。在基本建设程序中，介绍了基本建设的概念、分类，基本建设程序的概念及内容，工程建设的项目划分；在土木工程产品中，讲述了土木工程产品的特点及土木工程产品生产的特点；在组织项目施工的基本原则中，介绍了组织项目施工的各项基本原则；在施工组织设计中，介绍了施工组织设计的概念、作用、分类、编制依据、编制原则及内容；在施工准备工作中，讲述了施工准备工作的意义、任务、要求、分类、内容及施工准备工作计划。

第一节 基本建设程序

一、基本建设的概念

凡是固定资产扩大再生产的新建、改建、扩建、恢复、迁建工程以及与之连带的工作均为基本建设。

基本建设是一项综合性的经济活动，是国民经济的重要组成部分，是实现扩大再生产、提高人民物质文化水平和加强国防建设的重要手段。有计划、有步骤地进行基本建设，对于扩大和加强国民经济的物质技术基础，调整产业结构，合理配置生产力，用先进技术改造国民经济具有重要作用。

基本建设是一项复杂的系统工程，它是通过建筑业的勘察、设计、施工等一系列活动及其有关部门的经济活动实现的。它涉及面广，建设周期长，协作环节多，投资风险大，是一个连续的、不可间断的生产过程。从全社会角度看，基本建设由许多建设项目组成。

二、基本建设的分类

1. 按建设项目的投资用途分类

（1）生产性建设项目。生产性建设项目是指直接用于物质生产或者满足物质生产需要的建设项目。

（2）非生产性建设项目。非生产性建设项目是指直接用于满足人民物质和文化生活需要的建设项目。

2. 按建设项目的建设性质分类

（1）新建项目。新建项目是指从无到有新开始建设的项目，或者新增固定资产的价值超过原有固定资产价值三倍以上的项目。

（2）扩建项目。扩建项目是指为了扩大原有产品的生产能力或效益，或者增加新产品的生产能力和效益而扩建的主要车间或其他固定资产的项目。

（3）改建项目。改建项目是指为了提高产品的生产效率，增加科技含量，对原有的设备、工艺流程进行技术改造的项目。

（4）恢复项目。恢复项目是指原有的固定资产受到自然灾害、战争等不可抗力因素等原因部分或全部被破坏，而又投资恢复建设的项目。

（5）迁建项目。迁建项目是指由于各种原因迁到其他地方建设的项目，不论其建设规模是否维持或大于原来的规模，均属于迁建项目。

3. 按建设项目的建设规模分类

基本建设按建设项目的建设规模分为大型项目、中型项目和小型项目。对于大型项目、中型项目和小型项目的划分标准，国家发展和改革委员会、住房和城乡建设部、财政部都有明确规定。

三、基本建设程序

1. 基本建设程序的概念

基本建设程序就是基本建设工作中必须遵循的先后次序，是指基本建设项目从决策、设计、施工到竣工验收整个过程中各阶段工作的先后顺序。它是基本建设实践经验的科学总结，是基本建设全过程客观规律的正确反映。

2. 基本建设程序的内容

（1）项目建议书阶段。项目建议书是项目法人向国家提出要求建设某一项目的建议性文件，是对建设项目的初步设想。它的主要作用是论述拟建项目建设的必要性、可行性和可能性。项目建议书的主要内容包括拟建项目提出的必要性和依据；产品方案、拟建规模和建设地点的初步设想；资源情况、建设条件和协作关系等初步分析；投资估算和资金筹措设想；项目进度的初步安排；经济效益和社会效益的初步估计。

项目建议书经批准后，可以进行可行性研究。

（2）可行性研究阶段。可行性研究是对建设项目在技术上是否可行、经济上是否合理进行科学分析和论证。可行性研究是通过多方案比较，推荐最佳方案，为项目决策提供依据。可行性研究的成果是可行性研究报告，根据项目的不同内容也不尽相同，工业项目一般包括总论；市场需求情况和拟建规模；建厂条件和厂址方案；项目设计方案；环境保护方案；生产组织、劳动定员和人员培训计划；项目实施计划和进度要求；投资估算和资金筹措；项目经济评价。

可行性研究报告经有关部门批准后，拟建项目才算正式立项。

（3）设计阶段。设计是对拟建项目在技术上和经济上做出的全面安排，是工程建设计划的具体表现形式，同时也是组织施工的依据。中小型项目按两阶段设计，即初步设计和施工图设计。大型工程项目要按三阶段设计，即初步设计、技术设计和施工图设计。

初步设计是根据批准的可行性研究报告和设计基础资料所做的实施方案。其目的是阐明在指定的时间、空间和投资控制额内，拟建项目在技术上的可行性和经济上的合理性，并对工程项目做出基本的技术规定，编制项目总概算。

技术设计是在初步设计的基础上进一步解决某些具体技术问题，如工艺流程、建筑结构、设备选型和数量确定，补充和修正初步设计，使工程项目的设计更加完善和合理，并编制项目修正总概算。

施工图设计是在初步设计和技术设计的基础上，结合现场实际情况，完整、准确地表现建筑物的外形、内部空间分割、结构体系以及与周围环境的协调情况。施工图设计的内容包括建筑平面图、立面图、剖面图、建筑详图、结构布置图以及各种设备的标准型号、规格及各种非标准设备的施工图，在施工图设计阶段编制施工图预算。

（4）建设准备阶段。项目建设的工作较多，涉及面较广，在开工前要做好各项准备工作。其主要工作内容包括征地、拆迁和场地平整；完成施工用水、电、路等工作；组织设备材料，订货；准备必要的施工图纸；组织施工的招投标，择优选择施工承包单位。

（5）工程施工阶段。建设项目经批准开工建设，就进入工程施工阶段。这一阶段耗费大量的人力、物力和财力，是把工程图纸转化为实物的阶段。施工过程中，施工单位要严格按照设计要求和施工规范，精心组织施工，保证工程质量，降低工程造价，加快工程进度，做到文明施工。

（6）生产准备阶段。生产准备是项目投产前由建设单位进行的一项重要工作，是连接建设与生产的桥梁和纽带，是项目建设转入生产经营的必要条件，因此，建设单位要做好相关的工作，保证项目建成后能及时投入生产。生产准备阶段的工作内容主要包括招收和培训生产人员；生产物资准备；生产技术准备；生产组织准备。

（7）竣工验收阶段。当建设项目按设计文件规定的内容全部完成后，就可以组织工程竣工验收了。这个阶段是考核项目建设成果、检验设计和施工质量的重要环节，也是建设项目能否由建设阶段顺利转入生产或使用阶段的一个重要标志。

建设工程竣工验收应当具备的条件：完成建设工程设计和合同约定的各项内容；有完整的技术档案和施工管理资料；有工程使用的主要建筑材料、建筑构配件和设备的进场试验报告；有勘察、设计、施工、工程监理等单位分别签署的质量合格文件；有施工单位签署的工程保修书。

（8）后评价阶段。后评价是指项目建成投产并达到设计生产能力后，通过对项目运行的全过程进行再评价，分析其实际情况与预计情况的偏离程度及产生的原因，全面总结项目建设成功或失败的经验教训，为今后项目的决策提供借鉴，并为提高项目投资效益提供切实可行的措施。

四、工程建设的项目划分

（1）建设项目。建设项目是指按照一个总体设计组织施工，在经济上实行独立核算、行政上实行统一管理，建成后具有完整的系统，可以独立地形成生产能力或使用价值的建设工程。如工业建筑中的一座工厂、一座矿山，民用建筑中的一个小区、一所学校等。

（2）单项工程。单项工程是指具有独立的设计文件，独立施工，竣工后可以独立发挥生产能力或效益的工程。它是建设项目的组成部分，如生产车间、办公楼、住宅楼等。

（3）单位工程。单位工程是指具有独立的设计图纸，独立施工，完工后不能独立发挥生产能力或效益的工程。它是单项工程的组成部分，如土建工程、电气安装工程、工业管道工程等。

（4）分部工程。分部工程是按照单位工程的各个部位和结构特征划分的。它是单位工程的组成部分，如基础工程、主体结构工程、装饰工程等。

（5）分项工程。按照不同的施工方法、材料、工程结构规格可以把分部工程划分为若干个分项工程。分项工程如主体结构工程中的安装模板、绑扎钢筋、浇筑混凝土等。

第二节 土木工程产品

一、土木工程产品的特点

（1）空间上的固定性。任何土木工程产品都是在选定的地点上建造和使用的，它的基础与作为地基的土地是直接联系在一起的。通常情况下，土木工程产品在建造中或建成后是不能移动的，它和大地形成了一个整体。土木工程产品建在哪里就在哪里发挥其作用。

（2）类型的多样性。土木工程产品的功能要求是多种多样的，通常由设计单位和施工单位根据业主的委托进行设计和施工。土木工程产品根据不同的用途、所处的地区，采用不同的建筑材料和施工方法，表现出多样性的特点。即使功能要求和建筑类型相同，但由于地形、地质、水文、气象等自然条件的影响以及交通运输、材料供应等社会条件的不同，在建造时也需对施工组织和施工方法做相应的调整，从而使土木工程产品具有多样性的特点。

（3）体形的庞大性。土木工程产品是生产或生活的场所，要在其内部布置各种生产或生活必需的设备或用具，因而产品体形庞大，占有广阔的空间。土木工程产品在生产过程中要消耗大量的人力、物力、财力，所需建筑材料数量巨大，而且品种复杂，规格繁多。

二、土木工程产品生产的特点

（1）生产的流动性。土木工程产品的固定性决定了土木工程产品生产的流动性。土木工程产品的固定性和严格的施工顺序，使生产者和生产工具经常移动，要从一个施工段转移到另一个施工段，从工程的一个部位转移到另一个部位，在工程完工后，还要从一个工地转移到另一个工地。生产的流动性给施工单位的生产管理带来很大的影响，这就要求事先必须有一个详细而周密的项目管理规划，使流动的人员、材料、机械相互协调配合，做到连续、均衡施工。

（2）生产的单件性。土木工程产品的多样性决定了土木工程产品生产的单件性。每一个土木工程产品的生产都需要采用不同的施工方法和施工组织，因此，土木工程产品基本上要单件定做，不能重复生产。这一特点要求编制施工组织设计时，考虑设计要求、工程特点、工程条件等因素，并制定出可行的施工方案。

（3）生产过程具有综合性。土木工程产品在生产过程中，要和业主、勘察单位、设计单位、监理单位、材料供应单位、分包单位、金融机构等配合协作，生产环节多，协作单位多，这就决定了其生产过程具有很强的综合性。同时，在土木工程产品生产的过程中，要把各方面的力量综合组织起来，围绕缩短工期、降低造价、提高工程质量和投资效益的目标来进行工程建设，这也是一项非常重要的工作。

（4）生产过程的不可间断性。一个建设项目要经历决策阶段、设计准备阶段、设计阶段、施工阶段、动用前准备阶段和保修阶段，这是一个不可间断的、完整的、周期性的生产过程。它要求在生产过程中各阶段、各环节、各项工作必须有条不紊地组织起来，在时间上不间断，在空间上不脱节，对生产过程的各项工作必须合理安排，遵守施工程序，按照合理的施工程序科学组织施工。

（5）生产过程受外部环境影响较大。土木工程产品体形庞大，生产过程基本上是露天作业，受到地形、地质、水文等的影响。而且风、霜、雨、雪也会影响土木工程产品的正常生产过程，生产者的劳动条件比较差。另外，土木工程产品在生产过程中，影响因素也很多，例如设计变更、地质条件变化、专业化协作状况、资金和物资供应条件、城市交通和环境因素等，这些外部条件对工程质量、工程进度、工程成本等都有很大影响。这就要求生产者制定合理的施工技术措施、质量和安全保障措施，科学组织施工。

（6）生产周期长。土木工程产品体形庞大，决定了它的生产过程必须消耗大量的人力、物力和财力，其生产时间少则几个月，多则几年、十几年，要待整个生产周期完成以后，才能形成土木工程产品。如果科学组织生产活动，缩短生产周期，将会显著提高投资技术经济效果。

第三节　组织项目施工的基本原则

一、贯彻执行基本建设中的各项方针政策，坚持基本建设程序

我国关于基本建设的制度有：审批制度；从业资格管理制度；施工许可制度；招标投标制度；总承包制度；发承包合同制度；工程监理制度；工程质量责任制度；建筑安全生产管理制度；竣工验收制度等。这些制度为建立和完善建筑市场的运行机制提供了重要的法律依据，在工程实践中必须认真贯彻执行。

基本建设程序反映了工程建设过程的客观规律。建设工程是一个投资大、工期长、内容复杂的系统工程，工程建设客观上存在着一定的内在联系，必须按照一定的步骤进行。实践证明，坚持了基本建设程序，建设工程就能顺利进行、健康发展；违背了基本建设程序，建设工程就会遭到破坏，严重影响工程的质量、进度和成本。因此，建设工程必须遵循基本建设程序，按客观经济规律办事。

二、严格遵守国家和合同规定的工程竣工及交付使用期限

根据生产和使用的需要，对于总工期较长的大型建设项目，应分期分批安排建设或交付使用，尽早发挥建设投资的经济效益。同时应该注意每期交付的项目能独立发挥效用，工程竣工和交付使用的期限符合国家和合同规定的工期要求。

三、合理安排施工程序和施工顺序

土木工程施工有其内在的客观规律，既包含了施工工艺和施工技术方面的规律，又包含了施工程序和施工顺序方面的规律。只有按照这些规律去组织施工，才能加快施工进度，降低工程成本，提高工程质量，发挥投资效益。

施工工艺和施工技术方面的规律，是分部分项工程固有的客观规律。如结构安装工程，其施工工艺是绑扎、起吊、就位、临时固定、校正、最终固定，任何一道工序既不能省略又不能颠倒，必须满足施工工艺和施工技术的要求。

施工程序和施工顺序方面的规律，是施工过程中各分部分项工程之间内在的客观规律。在组织施工作业时，既要考虑施工工艺和技术的要求，又要考虑组织施工立体交叉、平行流

水作业，合理利用工作面，有利于为后续工程施工创造良好的条件。

四、采用先进的施工技术科学组织施工

采用先进的施工技术是提高劳动生产率、改善工程质量、加快施工速度、降低工程成本的重要手段。积极开发、使用新技术和新工艺，推广应用新材料和新设备，使技术的先进性和经济合理性相结合，符合施工验收规范、操作规程以及有关工程项目进度、质量、安全、环境保护、造价等方面的要求。在施工过程中，采用科学的分析方法，使劳动资源得到最优的调配，保证施工过程的连续和均衡。

五、采用流水作业方式和网络计划技术组织施工

在编制施工进度计划时，应采用流水施工的作业方式，使施工过程具有连续性、均衡性和节奏性，合理地、充分地利用工作面，有利于劳动力的合理安排和使用，有利于物资资源的组织和供应，为文明施工和现场科学管理创造条件。

网络计划技术是一种有效的科学管理方法。采用网络计划技术编制施工进度计划时，工作之间的逻辑关系表达清晰，通过对网络计划时间参数的计算，确定关键工作和关键线路，对网络计划进行优化，选择最优方案，对进度计划的执行进行有效的监督和控制，保证计划进度目标的顺利实现。

六、提高预制装配化程度

建筑工业化是建筑技术进步的重要标志之一。建筑工业化就是用现代化工业的生产方式来从事建筑业的生产活动，使建筑业从落后、分散、以手工操作为主的生产方式逐步向社会化大生产的方式过渡的发展过程。在制定施工方案时要根据地区条件和构件性质，通过技术经济比较，选择恰当的预制方案或现浇方案，贯彻工厂预制和现场预制相结合的原则，提高建筑工业化的水平。

七、提高施工机械化水平

建筑工业化的核心问题是施工机械化。施工机械化就是用机械化生产代替手工操作，这样能提高劳动生产率，降低工程造价，加快施工进度，保证工程质量，把施工人员从繁重的体力劳动中解放出来。在选择施工机械时，应根据工程特点和施工条件确定采取何种施工机械的组合方式满足施工生产的需要，提高施工机械的利用率，充分发挥施工机械的效能。同时，不能盲目地追求机械化的程度，要贯彻机械化、半机械化和改良工具相结合的方针，做到有目标、有计划、分期分批地实现施工机械化。

八、采取季节性施工措施，确保全年连续施工

土木工程施工为露天作业，季节对施工的影响很大。在组织施工作业时，应充分了解当

地的气象条件和水文地质条件，做好施工计划和施工准备工作，克服季节对施工的影响。土方工程、基础工程、地下工程不宜在雨期施工，防水工程、混凝土浇筑不宜在冬期施工，高空作业、结构安装应避免在风期施工，否则应采取相应的季节性施工措施，确保施工质量和施工安全。

九、减少暂设工程和临时性设施，合理布置施工平面图

在组织土木工程施工时，要精心规划施工平面图，节约施工用地，不占或少占农田。尽量利用当地资源，合理安排运输、装卸与储存作业，避免二次搬运，减少暂设工程和临时性设施，尽量利用正式工程或原有建筑物的已有设施，降低工程成本。

第四节　施工组织设计

一、施工组织设计的概念

施工组织设计就是以施工项目为对象编制的，用以指导施工技术、经济和管理的综合性文件。它是对拟建工程在人力和物力、时间和空间、技术和组织等方面所做的全面安排，是沟通工程设计和施工的桥梁。施工组织设计是对施工活动实行科学管理的重要手段，具有战略部署和战术安排的双重作用。施工组织设计既要体现拟建工程的设计和使用要求，又要符合施工生产的客观规律。通过施工组织设计，可以根据具体工程的条件，拟订施工方案，确定施工顺序和施工方法及施工技术组织措施，保证拟建工程按照预定的工期竣工。

二、施工组织设计的作用

（1）施工组织设计是施工准备工作的主要组成部分，为工程项目的招标投标以及有关建设工作的决策提供依据。

（2）施工组织设计是拟建工程施工全过程科学管理的重要手段，是编制施工预算和施工计划的主要依据，是施工企业合理组织施工和加强项目管理的重要手段。

（3）施工组织设计所提出的各项资源需要量计划，直接为组织材料、机具、设备、劳动力需要量的供应和使用提供数据。

（4）施工组织设计为拟建工程的设计方案在技术上的可行性、经济上的合理性、实施过程中的可能性进行论证并提供依据。

（5）施工组织设计可以把各施工单位之间、各工作部门之间、各工种之间的关系更好地协调起来。

（6）施工组织设计的编制充分考虑施工中可能遇到的风险，可事先采取有效的预防措

施,把可能遇到的风险降到最低,从而提高了施工的预见性,减少了施工的盲目性,为实现建设目标提供了技术保证。

(7) 施工组织设计是对施工现场的总体规划和布置,为施工现场的绿色施工、安全施工、文明施工创造了条件。

(8) 施工组织设计是统筹安排施工企业生产的投入和产出过程的关键和依据。土木工程产品的生产要求是投入生产要素,通过一定的生产过程,而后生产出土木工程产品,在这个过程中离不开管理这个环节。也就是说,施工企业从投标开始到竣工验收交付使用全过程的计划、组织、指挥、控制的基础就是施工组织设计文件。

三、施工组织设计的分类

1. 按编制的目的不同分类

施工组织设计按编制的目的不同可分为两类:

(1) 标前编制的施工组织设计。在投标阶段以招标文件为依据,为满足投标书和签订施工合同的需要编制的施工组织设计。其编制目的就是中标。

(2) 标后编制的施工组织设计。在中标后施工前,以施工合同和标前编制的施工组织设计为依据,为满足施工准备和施工生产的需要编制的施工组织设计。其编制目的是指导施工准备和施工生产,提高施工企业的经济效益。

2. 按编制的对象不同分类

施工组织设计按编制的对象不同可分为三类:

(1) 施工组织总设计。施工组织总设计是以若干单位工程组成的群体工程或特大型项目为主要对象编制的施工组织设计,对整个项目的施工过程起统筹规划、重点控制作用。施工组织总设计一般在初步设计或扩大初步设计被批准后,由总承包企业的总工程师负责,会同建设单位、设计单位和分包单位的工程师共同编制。施工组织总设计的内容包括工程概况、总体施工部署、施工总进度计划、总体施工准备与主要资源配置计划、主要施工方法、施工总平面布置。

(2) 单位工程施工组织设计。单位工程施工组织设计是以单位(子单位)工程为主要对象编制的施工组织设计,对单位(子单位)工程的施工过程起指导和制约作用。它是施工组织总设计的具体化,直接指导单位工程的施工管理和技术经济活动。单位工程施工组织设计通常是在施工图设计完成后,由工程项目的技术负责人负责编制。单位工程施工组织设计的内容包括工程概况、施工部署、施工进度计划、施工准备与资源配置计划、主要施工方案、施工现场平面布置。

(3) 施工方案。施工方案是以分部(分项)工程或专项工程为主要对象编制的施工技术与组织方案,用以具体指导其施工过程。它是针对某些特别重要的,技术复杂的,或采用新技术、新工艺施工的分部(分项)工程或专项工程,其内容具体、详细、可操作性强,是直接指导分部(分项)工程或专项工程施工的依据,由施工队(组)的技术负责人编制。

施工方案的内容包括工程概况、施工安排、施工进度计划、施工准备与资源配置计划、施工方法及工艺要求。

四、施工组织设计的编制依据

施工组织设计的编制依据包括：

（1）与工程建设有关的法律法规和文件。

（2）国家现行有关标准和技术经济指标。

（3）工程所在地区行政主管部门的批准文件，建设单位对施工的要求。

（4）工程施工合同和招标投标文件。

（5）工程设计文件。

（6）工程施工范围内的现场条件，工程地质及水文地质、气象等自然条件。

（7）与工程有关的资源供应情况。

（8）施工企业的生产能力、机具设备状况、技术水平等。

五、施工组织设计的编制原则

施工组织设计的编制必须遵循下列原则：

（1）符合施工合同或招标文件中有关工程进度、质量、安全、环境保护、造价等方面的要求。

（2）积极开发、使用新技术和新工艺，推广应用新材料和新设备。

（3）坚持科学的施工程序和合理的施工顺序，采用流水施工和网络计划等方法，科学配置资源，合理布置现场，采用季节性施工措施，实现均衡施工，达到合理的经济技术指标。

（4）采取技术和管理措施，推广建筑节能和绿色施工。

（5）与质量、环境和职业健康安全三个管理体系有效结合。

六、施工组织设计的内容

施工组织设计应包括编制依据、工程概况、施工部署、施工进度计划、施工准备与资源配置计划、主要施工方法、施工现场平面布置及主要施工管理计划等基本内容。

（1）编制依据。包括工程建设相关的法律法规、技术经济文件、施工现场条件、施工企业生产能力等。

（2）工程概况。工程概况中应概要说明工程性质、建设地点、建设规模、结构类型、建筑面积、施工工期，本地区的地形、地质、水文、气象条件，以及本地区的施工条件、劳动力、材料、构件、机具等供应情况。

（3）施工部署。做好施工任务的组织分工和施工准备工作计划，确定施工方案，合理安排施工顺序。

(4) 施工进度计划。施工进度计划是施工活动在时间上和空间上的体现,具体形式有横道图和网络图。

(5) 施工准备与资源配置计划。为落实各项施工准备工作,加强检查和监督,要编制施工准备工作计划。做好劳动力及物资的供应、平衡、调度,要编制资源需要量计划。

(6) 主要施工方法。制定工程项目主要施工方法的目的是进行技术和资源的准备工作,对施工方法的确定要考虑技术工艺的先进性、可操作性和经济上的合理性。

(7) 施工现场平面布置。施工现场平面布置是对拟建工程的施工现场,根据施工需要,按照一定的规则和比例做出的平面和空间的规划。

(8) 主要施工管理计划。主要施工管理计划包括进度管理规划、质量管理规划、安全管理规划、环境管理规划、成本管理规划和其他管理规划。

第五节　施工准备工作

土木工程施工是一项复杂的生产活动,不但要消耗大量的人力、物力和财力,还需要处理各种技术问题和协调各种协作配合关系。施工准备工作是为了保证拟建项目顺利开工和施工活动的正常进行而事先必须做好的各项准备工作,是施工程序的重要环节之一,不仅存在于开工之前,而且贯穿整个工程项目的全过程。

实践证明,做好施工准备工作,对保证工程质量、加快施工进度、降低工程成本、保证施工安全具有重要的作用。

一、施工准备工作的意义

(1) 遵循建筑施工程序。建筑施工程序包括签订工程施工合同、做好施工准备、组织施工、竣工验收。施工准备工作是建筑施工程序的一个重要阶段,是组织土木工程施工客观规律的要求,不论是建设项目、单项工程、单位工程、分部工程、分项工程,在开工之前都必须做好施工准备工作,违反了建筑施工程序就会造成重大经济损失,甚至出现安全事故。

(2) 降低施工风险。由于土木工程产品及其施工生产的特点,其生产过程受外界因素影响较大,施工生产中不可预见的风险就多。只有充分地做好施工准备工作,采取有效的预防措施,防患于未然,把可能出现的风险消灭在萌芽状态,才能降低风险发生的概率,减少风险造成的损失。常用的风险防范对策有风险规避、风险减轻、风险自留、风险转移等。

(3) 创造工程开工和施工条件。土木工程施工不仅要消耗大量材料,使用许多机械设备,安排各工种人力,而且要协调施工过程中各参与方之间的关系以及处理施工过程中遇到的各种技术问题。只有充分地做好施工准备工作,才能创造良好的开工和施工条件,使施工作业能够顺利进行。

（4）提高工程项目的综合经济效益。做好施工准备工作，积极为工程项目创造一切有利的施工条件，才能保证施工作业的正常进行，提高工程质量，加快施工进度，降低工程成本，使工程项目按期完工，投入运营，发挥投资效益。

二、施工准备工作的任务

（1）取得工程项目施工的法律依据。这些法律依据包括城市规划、环卫、交通、电力、消防、市政、公用事业等部门批准的法律依据。

（2）掌握工程项目的特点和关键环节。每一个工程项目都有其自身的独特性，没有两个工程项目是完全相同的。针对工程项目的特点，采用现代管理的手段和方法，抓住工程项目管理中的关键环节，对工程建设的全过程进行管理和控制，实现生产要素在工程项目中的优化配置，为用户提供优质服务。

（3）调查和分析各种施工条件。施工条件是指拟建项目地区的自然条件、技术经济条件和社会生活条件。为满足施工的要求，从计划、组织、技术、物资、人员、场地等方面创造必备的条件，保证工程项目顺利进行。

（4）对施工过程中可能出现的变化提出应变的措施，做好应变准备。由于施工过程持续时间很长，不确定性因素很多，针对工程项目本身的复杂性，要建立一套完整的防范体系，协调好各种资源，进行日常的防范处理准备工作，对建设工程项目的全过程实行动态管理，最大限度地实现工程项目的目标。

三、施工准备工作的要求

（1）施工准备工作应有组织、有计划，分阶段、按步骤进行。建立施工准备工作的组织机构，编制施工准备工作计划表，将施工准备工作划分为施工前的准备工作、施工过程中的准备工作以及竣工验收的准备工作等，使施工准备工作分阶段、按步骤进行。

（2）建立施工准备工作责任制。由于施工准备工作内容多、范围广，必须建立施工准备工作责任制，按计划把施工准备工作逐层分解，落实到有关部门和个人，明确各级部门项目管理者在施工准备工作中应该承担的责任，真正做到责任到人。

（3）建立检查制度。在施工准备工作实施过程中，要定期进行检查，可按天、周、旬、月进行检查，主要检查施工准备工作的执行情况，定期进行施工准备工作的计划值和实际值的比较，如有偏差，则采取纠偏措施进行纠偏。

（4）实行开工报告和审批制度。当施工准备工作达到开工条件时，施工单位应提交申请开工报告，监理工程师对各项施工准备工作审查合格后，可批准开工报告同意开工。

（5）项目各参与方进行有效沟通和协调。由于施工准备工作涉及面广，除施工单位外，还包括建设、勘察设计、监理、咨询服务等单位的支持，所以在项目的运行中，各参与方要通力协作、步调统一，进行信息的沟通和协调，共同做好项目的施工准备工作。

四、施工准备工作的分类

1. 按施工准备工作的范围分类

按施工准备工作的范围分类，施工准备工作一般可分为全场性施工准备、单位工程施工条件准备和施工方案作业条件准备。

（1）全场性施工准备。全场性施工准备是以整个建设项目或建筑群为对象而进行的各项施工准备。它是为整个建设项目或建筑群的顺利施工创造条件，即为全场性的施工做好准备，而且兼顾单位工程施工条件的准备。

（2）单位工程施工条件准备。单位工程施工条件准备是以一个建筑物或构筑物为对象而进行的施工条件准备。它不仅要为单位工程在开工前做好一切准备工作，而且要为施工方案做好施工准备工作。

单位工程开工应当具备的条件：施工图纸已经会审，图纸中存在的问题已经修正；施工组织设计或施工方案已经批准并进行交底；施工图预算已经编制和审定，并已签订施工合同；场地已平整，障碍物已清除；施工用水、用电、道路能满足施工需要；材料、成品、半成品和工艺设备已落实，能满足连续施工的需要；各种临时设施和生活福利设施能满足生产和生活的需要；施工机械、设备已进场，能正常使用；劳动力已经落实，可以按时进场工作；现场安全、防火设施已经具备；已办理开工许可证。

（3）施工方案作业条件准备。施工方案作业条件准备是以分部（分项）工程或专项工程为对象而进行的施工条件准备。

2. 按拟建工程所处的施工阶段分类

按拟建工程所处的施工阶段分类，施工准备工作通常可分为开工前的施工准备和工程作业条件的施工准备。

（1）开工前的施工准备。开工前的施工准备是指拟建工程开工前的各项准备工作，其特点是带有全局性和总体性。

（2）工程作业条件的施工准备。工程作业条件的施工准备是为某一单位工程、某个施工阶段、某个分部（分项）工程、某个专项工程或某个施工环节所做的施工准备工作，其特点是带有局部性和经常性。

五、施工准备工作的内容

施工准备工作是土木工程施工组织与管理的重要内容，它不仅在施工准备阶段进行，而且贯穿整个施工的全过程。

土木工程项目施工准备工作通常分为六个方面的内容：技术准备、物资准备、资金准备、劳动组织准备、施工现场准备和施工场外准备。

（一）技术准备

技术准备是施工准备工作的核心。它包括熟悉和审查施工图纸及相关资料、调查和分析原始资料、编制施工预算和施工图预算以及编制标后施工组织设计。

1. 熟悉和审查施工图纸及相关资料

（1）审查施工图纸及相关资料是否符合国家有关工程设计和施工方面的方针政策。

（2）审查施工图纸及相关资料与说明书在内容上是否一致，相互之间有无矛盾和错误。

（3）审查施工图纸及相关资料是否齐全，有无遗漏。

（4）审查建筑图和结构图在轴线、尺寸、位置、标高等方面是否一致，技术要求是否正确。

（5）熟悉和审查施工图纸的程序为自审、会审和现场签证三个阶段。

（6）审查工业项目的生产工艺流程和技术要求，掌握土建施工质量是否满足设备安装的要求，土建施工和设备安装在相互配合中有哪些技术问题，能否合理解决。

（7）审查地基处理和基础设计同拟建项目所处地点的工程地质、水文等条件是否一致。

（8）明确建设期限，分期分批投入或交付使用的顺序和时间，以及工程所用主要材料、设备的数量、规格、来源和供货日期。

（9）明确建设单位、设计单位和施工单位等单位之间的协作关系和配合关系，以及建设单位可以提供的施工条件。

2. 调查和分析原始资料

调查和分析原始资料是施工准备工作的内容之一，尤其是当施工单位进入一个新的地区时，此项工作就更加重要，关系到施工单位全局的部署。它包括自然条件的调查和分析及技术经济条件的调查和分析。

（1）自然条件的调查和分析。建设地区自然条件调查和分析的主要内容：建设地区的地形图、规划图，控制桩与水准点的位置、地形、地质特征；工程钻孔布置图、地质剖面图、地基各项物理力学指标试验报告、土质稳定性资料、地基土的承载能力、抗震设防烈度；地下水的流向、流速、流量和最高、最低水位；全年各月平均气温和最高、最低温度；全年降雨量、主导风向及频率；施工区域现有建筑物、构筑物、沟渠、树木、高压线路等。

（2）技术经济条件的调查和分析。建设地区技术经济条件调查和分析的主要内容：地方建筑施工企业的状况；地方资源和交通运输状况；建设地区供水、供热、供气和供电条件；建设地区的劳动力和技术水平状况；建设地区的文化教育、社会治安、医疗卫生状况等。

3. 编制施工预算和施工图预算

施工预算是施工单位根据施工图纸、施工定额、施工及验收规范、施工组织设计以及施工方案等文件编制的施工企业内部的经济文件。施工预算的编制是施工前的一项重要准备工作。施工预算是施工企业编制施工进度计划以及各种资源需要量计划的依据，是施工企业签发施工任务书、限额领料、实行经济核算和经济活动分析的依据。

施工图预算是根据批准的施工图设计、预算定额、单位估价表、施工组织设计等文件编制的工程造价文件。施工图预算是确定工程造价、签订施工合同、拨付工程价款、经济核算、考核工程成本、进行施工准备的依据。

4. 编制标后施工组织设计

标后施工组织设计是施工准备工作的重要组成部分,是施工单位在施工准备工作阶段编制的指导拟建工程从施工准备到竣工验收交付使用的综合性的技术经济文件。它是指导施工的主要依据。标后施工组织设计从施工全局出发,统筹安排施工活动的各个方面,按最佳施工方案组织施工。

(二) 物资准备

物资准备是指施工中对劳动手段和劳动对象等的准备。劳动手段如施工机械、施工工具和临时设施,劳动对象如材料、构配件等。劳动手段和劳动对象是保证施工顺利的物质基础。物资准备工作是一项复杂而又细致的工作,必须在工程开工前完成。

物资准备的主要内容:建筑材料准备、建筑构配件及设备订货准备、周转材料准备、建筑施工机具准备、生产工艺设备准备。

1. 建筑材料准备

建筑材料准备主要是根据工料分析,按照施工进度计划的要求,以及材料消耗定额和储备定额,按材料名称、规格、使用时间进行汇总,编制出建筑材料需要量计划,为组织运输,确定供应方式、供应地点、堆场面积和签订物资供应合同提供依据。

建筑材料准备主要是指钢材、木材、水泥、地方材料以及装饰材料的准备等。

2. 建筑构配件及设备订货准备

根据工料分析提供的建筑构配件的名称、规格、数量和质量,确定加工方案、供应渠道以及进场后的储存方式和地点,编制建筑构配件需要量计划,按施工平面图的要求进行合理布置。根据需求计划,向有关厂家提出设备订货要求,签订设备订货合同,满足施工活动对设备的需求。

3. 周转材料准备

周转材料是指在施工过程中多次使用、周转的工具性材料,如钢筋混凝土工程中使用的模板、脚手架,土方工程施工中使用的挡土板等。按施工方案的要求,确定周转材料的名称、规格、数量、质量以及分期分批进场的时间和存放地点,编制周转材料需要量计划,为组织运输和确定周转材料堆场面积提供依据。

4. 建筑施工机具准备

根据施工方案和施工进度,确定施工机械的类型、数量以及进出场的时间,确定施工机具的供应方式和进场时的存放地点,编制施工机具需要量计划,为组织施工机具运输和确定施工机具停放位置提供依据。

5. 生产工艺设备准备

根据拟建工程生产工艺流程和工艺设备布置图,提出工艺设备的名称、型号、数量、生产能力,确定分期分批进场时间和保管方式,编制生产工艺设备需要量计划,为组织生产工艺设备运输和确定生产工艺设备堆场面积提供依据。

物资准备的工作程序包括编制各种物资需要量计划、签订物资供应合同、编制物资运输计划、确定物资的进场和保管方式。

(三) 资金准备

工程开工前,发包人应按建设工程施工合同的规定提前支付承包人一笔款额,用于承包人为合同工程施工购置材料、机械设备,修建临时设施以及施工队伍进场等。承包人应在签订合同后向发包人提交预付款支付申请,发包人应当在合同约定的时间内向承包人支付预付款,如该款项未及时到位,应及时催办,不得延误。总之,在工程开工前,资金准备工作一定要落实到位,以保证工程项目施工的顺利进行。

(四) 劳动组织准备

工程项目劳动组织准备工作的内容:确定工程项目管理的组织模式、组建项目经理部、组织劳动力进场、建立健全各项管理制度、向施工班组和工人进行技术交底。

1. 确定工程项目管理的组织模式

根据拟建工程项目的特点,建立一个能高效运转的项目管理组织机构。一个好的组织机构可以有效地完成项目管理目标,有效地应对环境的变化,满足组织成员生理、心理和社会方面的需求,使组织成员产生集体思想和集体意识,使组织系统能够正常运转,完成项目管理任务。

2. 组建项目经理部

项目经理部是项目管理的工作班子,它是由项目经理领导,承担项目实施的管理任务和目标实现的全面责任。为了充分发挥项目经理部在项目管理中的主体作用,必须设计好、组建好、运转好项目经理部,发挥其应有的职能作用。项目经理部负责施工项目从开工到竣工的施工生产经营管理,为项目经理决策提供依据、当好参谋,向项目经理全面负责,同时,项目经理部作为项目团队,应具有团结协作的精神。项目经理部是施工现场管理的一次性的施工生产经营管理机构,随着工程项目的开始而产生,随着工程项目的完成而解体。

3. 组织劳动力进场

项目经理部组建以后,确定各职能部门的职责、分工和权限,集结施工力量,制定劳动力需要量计划,组织劳动力进场,要做好后勤保障工作,安排好职工的生活,要对职工进行安全、文明教育。

4. 建立健全各项管理制度

建立健全各项管理制度是保证施工活动顺利进行的重要措施。管理制度通常包括图纸学习和会审制度、技术交底制度、材料以及构件试验检验制度、工程质量检查及验收制度、工程技术档案制度、技术措施制度、成本核算制度、机械设备管理制度、材料出入库制度、安全操作制度等。

5. 向施工班组和工人进行技术交底

技术交底是一项很重要的技术管理制度,也是保证施工质量的重要措施之一。技术交底就是把工程项目的设计内容、施工计划和施工技术向施工班组和工人进行详细的讲解和交代。技术交底的内容主要包括任务范围、施工方法、质量标准和验收标准、施工中应注意的问题、预防措施、应急方案、安全防护措施以及文明施工措施等。技术交底的形式有书面、口头、会议、样板、示范等。

(五) 施工现场准备

施工现场准备主要是为工程项目创造有利的施工条件，根据已编制的施工组织设计有关各项要求进行。施工现场准备工作的内容有施工场地控制网的测量、"三通一平"、施工场地的补充勘探、清除障碍物、搭设临时设施、组织建筑材料和施工机具进场及安装和调试施工机具、做好季节性施工措施、做好消防和安保措施。

1. 施工场地控制网的测量

控制网的稳定和正确是确保土木工程施工质量的首要条件。为了使建筑物或构筑物的平面位置和高程符合设计要求，施工前应根据建设单位提供的由规划部门给定的永久性经纬坐标控制网和水平控制基桩，按建筑总平面图的要求，建立工程测量控制网，控制网一般采用方格网。施工测量的工作是先布设施工控制网，以施工控制网为基础测设建筑物的主轴线，根据主轴线进行建筑物细部放样。施工测量仪器通常有水准仪、经纬仪和全站仪等。

2. "三通一平"

"三通一平"通常是指水通、电通、路通和场地平整。

（1）水通。水是施工现场必不可少的。施工用水包括生产用水、生活用水和消防用水。工程项目开工前，应按照施工总平面图的要求，铺设临时管线，尽可能与永久性的给水系统结合起来，满足生产、生活和消防用水的需要。尽量缩短管线铺设的长度，降低通水的成本，同时要做好地面排水系统，创造一个良好的施工环境。

（2）电通。电也是施工现场必不可少的。施工现场用电包括生产用电和生活用电。电是施工现场的主要动力来源，通常按照施工组织设计的要求布设线路和通电设备。如电力供应不能满足施工现场的需要，则应考虑在施工现场建立发电系统，以保证施工的顺利进行。同时施工现场临时用电要考虑安全和节能措施。

（3）路通。施工现场的道路是组织物资运输的动脉。拟建工程开工前，应按照施工总平面图的要求，修好施工场地的永久性道路和必要的临时性道路。为节省修路费用，尽可能利用原有的道路，形成畅通的运输网络。因此，工程开工前应修好道路网，保证施工过程中道路通畅以及加强使用过程中道路的维护管理。

（4）场地平整。按照施工总平面图的要求，计算场区挖填土方量，确定场地平整方案，设计场区最优调配方案。尽量做到场区土方量的挖填平衡，使场区内的土方总运输量最小，降低土方运输费用。

实际在施工现场应做的准备工作往往不只是水通、电通、路通和场地平整，还需要热通、煤气通、电话通等，有"五通一平""七通一平"之说，但最基本的是"三通一平"。

3. 施工场地的补充勘探

施工场地的补充勘探是一项非常重要的工作。其目的是进一步寻找枯井、古墓、防空洞、地下管道、暗沟、枯树根等隐蔽物,以便及时拟定处理方案并实施,保证基础工程施工的顺利进行。

4. 清除障碍物

施工现场的一切障碍物,不论是地上的还是地下的,在工程开工之前都必须清除。这项工作由建设单位完成或者由建设单位委托施工单位完成。在完成这项工作之前,一定要搞清楚施工现场的情况,尤其是在老城区,原有的建筑物和构筑物情况比较复杂,原有资料残缺不全,这就给清除工作带来安全隐患,需要制定有效的安全措施。

普通房屋,只要水、电切断后就可以拆除。对于比较坚固的房屋,可能会采取爆破的方式,要专门爆破人员实施,需相关部门批准。

架空电线、地下电缆的拆除,要与电力部门、通信部门沟通并办理相关手续才可以实施。

自来水、污水、燃气、热力等管道的拆除,要与相关部门沟通并办理相关手续由专业公司完成。

施工场地内的树木移除或砍伐,要和园林部门沟通并办理相关手续才可以实施。

清除障碍物后留下的建筑垃圾或渣土都应及时清理到施工场外,车辆运输时应遵守交通、环保部门的规定,运土的车辆要按指定的时间和路线行驶,对运输车辆采取封闭或洒水措施,避免渣土飞扬污染环境。

5. 搭设临时设施

施工现场临时设施的布置应按照施工总平面图的要求进行。为施工方便以及文明施工,施工现场应该围挡封闭,与外界隔绝。市区主要路段的工地设置围挡的高度不低于2.5 m,其他工地设置围挡的高度不低于1.8 m。围挡材料要求坚固、稳定、统一、整洁和美观。按照文明工地标准及相关文件规定的尺寸和规格制作各类工程标志牌,如"五牌一图",即工程概况牌、管理人员名单及监督电话牌、消防保卫牌、安全生产牌、文明施工牌和施工现场平面图。

所有生产和生活用临时设施,包括各种仓库、混凝土搅拌站、加工厂、作业棚、办公用房、宿舍、食堂、文化生活福利设施等,均按施工组织设计的要求搭设,尽量利用施工场地现有的设施,尽可能减少搭设临时设施的费用,降低工程建设成本。

6. 组织建筑材料和施工机具进场及安装和调试施工机具

根据材料需要量计划、施工机具需要量计划,组织建筑材料和施工机具进场,按照施工总平面图规定的地点和指定的方式进行储存和堆放。对所有的施工机具在开工之前要进行检查和试运转。

7. 做好季节性施工措施

土木工程施工绝大部分是露天作业,受外界气候影响较大。为保证工程项目按期完成,必须做好季节性施工措施。季节性施工措施包括冬期施工措施、雨期施工措施和夏期施工措施。

（1）冬期施工措施。冬期施工条件较差，技术要求高，费用增加多，要合理安排施工进度计划。为保证工程质量，尽量安排费用增加较少又适宜冬期施工的项目，如吊装工程、打桩工程、室内装饰工程等。而费用增加较多又不能保证工程质量的项目不宜安排在冬期施工，如土方工程、基础工程、室外装饰工程、屋面工程等。

冬期施工的工程项目，应编制冬期施工方案，可依据《建筑工程冬期施工规程》（JGJ/T 104—2011）进行编制。编制原则是保证工程质量、经济合理、费用增加最少。所需的热源和材料要有可靠的来源，并尽量减少能源消耗，确保能缩短工期。要落实热源供应和管理工作，做好保温防冻和测温工作，要加强安全教育，做好职工培训及冬期施工的技术操作培训，防止安全事故的发生。

（2）雨期施工措施。为避免雨期窝工造成损失，通常在雨期到来之前，多安排完成土方工程、基础工程、室外工程、屋面工程等不宜在雨期施工的项目，多留些室内工程在雨期施工，合理安排雨期施工项目。

做好道路维修，防止路面凹陷，保证运输畅通。做好雨期到来之前各种材料物资的储存，减少雨期运输量，准备必要的防雨器材。雨期施工对施工现场的各种机具设备要进行安全检查，尤其是脚手架、垂直运输机械等。要采取有效的预防手段，防止雷击、漏电、倒塌事故发生。

要编制雨期施工的技术措施，认真组织职工学习雨期施工的规定要求，做好雨期施工的安全教育，确保工程质量，避免安全事故的发生。

（3）夏期施工措施。夏期施工条件较差，气温高，要合理安排夏期施工的项目。要编制夏期施工的技术方案，采取相应的技术措施确保工程项目施工的质量。如夏期混凝土浇筑前，施工作业面宜采取遮阳措施，应对模板、钢筋和施工机具采用洒水等降温措施，但混凝土浇筑前模板内不得有积水。大体积混凝土在夏期施工，必须选择合理的浇筑方案，同时做好测温和养护工作，保证大体积混凝土浇筑的质量。

夏期经常有雷电，施工现场要有防雷装置，特别是高层建筑等按规定要有避雷装置，确保施工现场用电设备的安全运行。

夏期施工要做好职工的防暑降温工作，要合理调配施工人员的工作时间和休息时间，保证施工人员的身体健康。

8. 做好消防和安保措施

根据施工组织设计的要求，按照施工总平面图的布置，建立消防和安保组织机构，制定各项规章制度，预防施工现场火灾事故和其他意外事故的发生，确保施工现场安全施工。

（六）施工场外准备

施工场外准备工作的内容有材料的加工和订货、签订分包合同、提交开工申请。

（1）材料的加工和订货。建筑材料、构配件以及工艺设备是工程项目顺利完成的物质保证。同建筑材料、构配件的生产部门以及和工艺设备的制造部门订立买卖合同，保证按时保质保量地交货，这对于施工单位的施工准备是非常重要的。

（2）签订分包合同。承包人必须自行完成建设项目的主要部分，非主要部分或专业性较强的工程可分包给资质条件符合该工程技术要求的其他建筑安装单位。如大型土石方工程、结构安装工程、设备安装工程。应尽快做好分包或劳务安排，并与分包单位签订分包合同，保证工程项目按时实施。

（3）提交开工申请。当材料的加工和订货合同、分包合同签订以后，应及时提出开工申请，上报相关部门批准。

六、施工准备工作计划

为落实各项施工准备工作，加强检查和监督，必须根据各项施工准备工作的内容，编制施工准备工作计划。

施工准备工作计划通常用表格的形式表示，包括施工准备工作的内容、要求、负责单位、负责人、配合单位、起止时间等；也可以采用编制施工准备工作网络计划的方法，明确各项施工准备工作之间的逻辑关系，确定关键工作和关键线路，对网络计划中关键线路上的施工准备工作的工期进行检查和调整，使各项施工准备工作有组织、有计划地进行。

由于各项施工准备工作并不是孤立存在的，而是相互联系的，为了提高施工准备工作的质量，加快施工准备工作的进度，一定要协调好各参与方之间的关系，使各参与方能够就准备工作信息内容进行交流，真正做到信息资源共享。

思考题

1. 什么是基本建设？
2. 什么是基本建设程序？基本建设程序包括哪些内容？
3. 工程建设项目是如何划分的？
4. 土木工程产品的特点是什么？土木工程产品生产的特点是什么？
5. 组织项目施工的基本原则有哪些？
6. 什么是施工组织设计？施工组织设计有何作用？
7. 施工组织设计有哪几种类型？其内容有哪些？
8. 简述施工组织设计的编制依据。
9. 简述施工准备工作的意义。
10. 施工准备工作如何分类？
11. 简述施工准备工作的内容。
12. 施工技术准备工作的内容有哪些？
13. 简述施工物资准备工作的内容。
14. 施工现场准备工作的内容有哪些？
15. 如何做好冬期、雨期施工准备工作？

第二章

流水施工原理

★本章简介

本章内容包括流水施工的基本概念、流水施工的基本参数、流水施工的组织方法。在流水施工的基本概念中，讲述了组织施工的方式、流水施工的表示方式；在流水施工的基本参数中，介绍了工艺参数、空间参数、时间参数；在流水施工的组织方法中，介绍了流水施工的分类、全等节拍流水施工、异节拍流水施工、无节奏流水施工。

流水施工是组织工程施工的一种科学方法，是建立在分工协作的基础上，合理组织土木工程产品生产的有效手段。这种方法可以显著地提高劳动生产率，降低施工成本，缩短施工工期。

土木工程项目施工的流水作业和一般工业生产流水线作业既有相同点，又有不同之处，相同点在于两者都是建立在大批量生产和分工协作的基础之上，均衡生产，连续作业；不同之处在于一般工业生产流水线上操作人员的位置是固定的，各工件在流水线上从前一个工序向后一个工序流动，也就是说人员固定，产品流动，而土木工程项目施工中施工对象是固定不动的，专业施工队则由前一个施工段向后一个施工段流动，也就是说产品固定，人员流动。

第一节 流水施工的基本概念

一、组织施工的方式

任何一个土木工程产品的生产都是由许多施工过程组成，而每一个施工过程可以组织一个或若干个专业施工队进行施工。施工可分别采取依次施工、平行施工和流水施工三种方式组织，其适用范围、特点各不相同。下面以一个具体工程为例说明这三种组织方式的特点。

某建筑群由四幢同类型的建筑物组成，每一幢建筑物由四个分部工程组成，即基础工程、主体结构工程、屋面工程和装饰工程，各分部工程在各幢建筑物上的施工作业时间见表 2-1。

表 2-1 各分部工程施工的持续时间

分部工程	持续时间/天
基础工程	20
主体结构工程	20
屋面工程	20
装饰工程	20

1. 依次施工

依次施工也称为顺序施工，前一个施工过程完成，后一个施工过程开始；或前一幢建筑物完工，后一幢建筑物开工。它是一种最基本、最原始的施工组织方式。

依次施工的特点如下：

（1）单位时间内投入的资源量较小，有利于资源供应的组织工作。

（2）施工现场的组织及管理工作比较简单。

（3）各专业施工队不能连续作业，有窝工现象。

（4）不能充分利用工作面，工期长。

各分部工程的依次施工组织方式如图 2-1 所示。

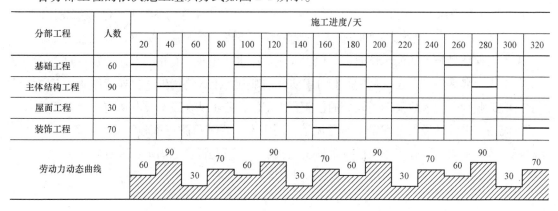

图 2-1 依次施工

2. 平行施工

平行施工是指相同的施工过程同时开工、同时竣工的一种施工组织方式。

平行施工的特点如下：

（1）充分利用了工作面，工期最短。

（2）各专业施工队数量增加，不能组织连续作业。

(3) 资源消耗过度集中,施工现场管理复杂。
(4) 适用于工期要求紧、在各方面资源供应有保障的前提下的工程项目施工。

各分部工程的平行施工组织方式如图 2-2 所示。

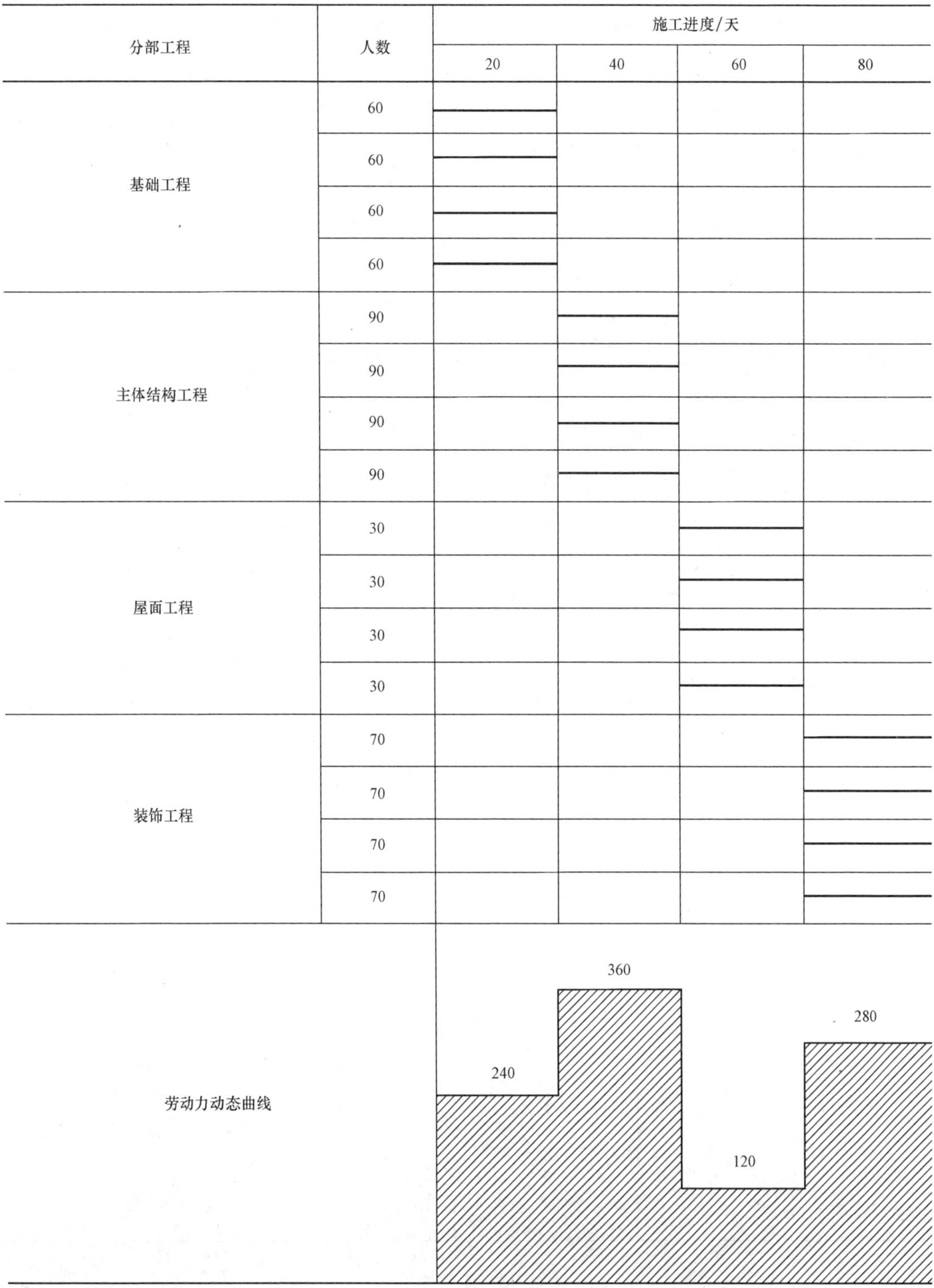

分部工程	人数	施工进度/天			
		20	40	60	80
基础工程	60				
	60				
	60				
	60				
主体结构工程	90				
	90				
	90				
	90				
屋面工程	30				
	30				
	30				
	30				
装饰工程	70				
	70				
	70				
	70				
劳动力动态曲线		240	360	120	280

图 2-2 平行施工

3. 流水施工

流水施工是把拟建工程项目的整个建造过程在工艺上划分为若干施工过程，在平面上划分为若干劳动量大致相等的施工段，在竖向上划分为若干施工层，然后按照施工过程组织相应的专业施工队，依次在各个施工段（或施工层）上完成各项施工任务，使施工连续、均衡、有节奏地进行。

流水施工吸收了依次施工和平行施工的优点，克服了依次施工和平行施工的缺点，其典型特点就是保证了施工的连续性、均衡性和有节奏性，它使各种资源被合理地利用，具有很好的技术经济效果，因此它是土木工程施工中最合理、最科学的一种施工组织方式。

流水施工的特点如下：

（1）科学合理地利用了工作面，工期比较理想。

（2）各专业施工队能够连续作业，实现了最大限度地合理搭接。

（3）单位时间内消耗的资源较为均匀，有利于资源的组织与供应。

（4）与依次施工相比，缩短了工期；与平行施工相比，克服了资源消耗的过度集中，有利于施工现场的组织管理。

（5）实现了专业化施工，有利于提高劳动生产率，同时也使工程质量得到保证。

各分部工程的流水施工组织方式如图 2-3 所示。

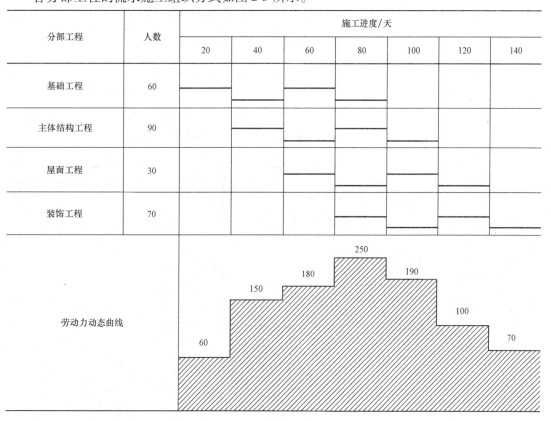

图 2-3 流水施工

二、流水施工的表示方式

流水施工的表示方式有横道图和网络图两种形式。

1. 横道图

横道图是土木工程中安排施工进度计划常采用的一种表示方式,有水平指示图表和垂直指示图表。

(1) 水平指示图表。流水施工的水平指示图表中,横坐标表示施工持续时间,纵坐标表示施工过程,水平线段表示施工的开展情况,水平线上的编号表示施工段,如图2-4所示。

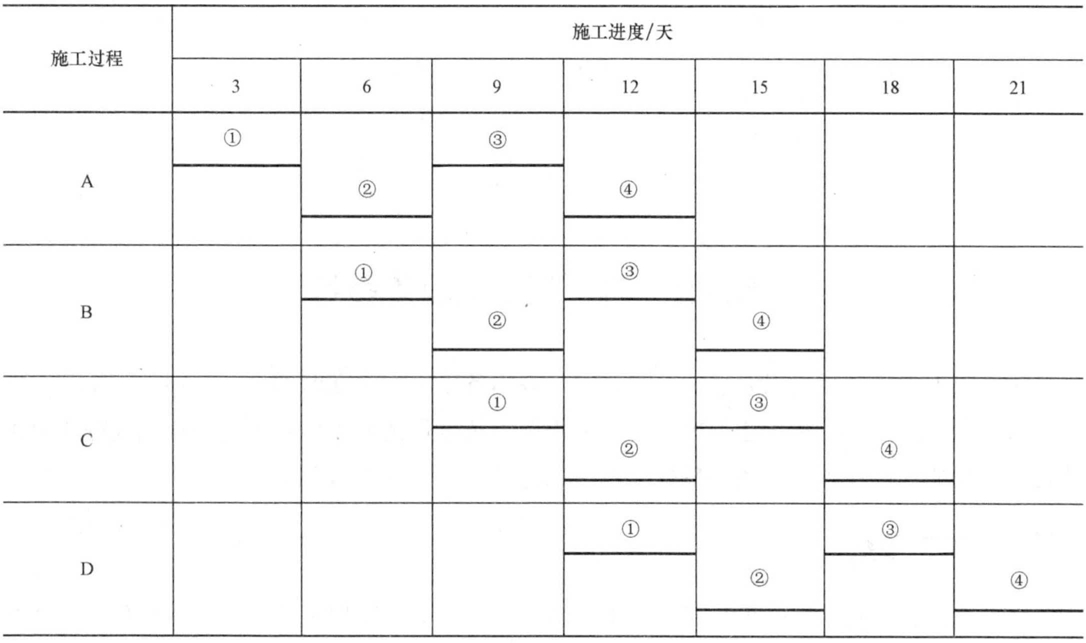

施工过程	施工进度/天						
	3	6	9	12	15	18	21
A	①	②	③	④			
B			①	②	③	④	
C				①	②	③	④
D					①	②	③	④

图 2-4 流水施工水平指示图表

(2) 垂直指示图表。流水施工的垂直指示图表中,横坐标表示施工持续时间,纵坐标表示施工过程划分的施工段,斜线表示施工的开展情况,斜线上的编号表示施工过程,如图 2-5 所示。垂直指示图表和水平指示图表之间可以相互转换。

2. 网络图

网络图是由箭线、节点组成的一种有限、有序、有向的网状图形,有双代号网络图和单代号网络图。关于网络图的详细内容见第三章。

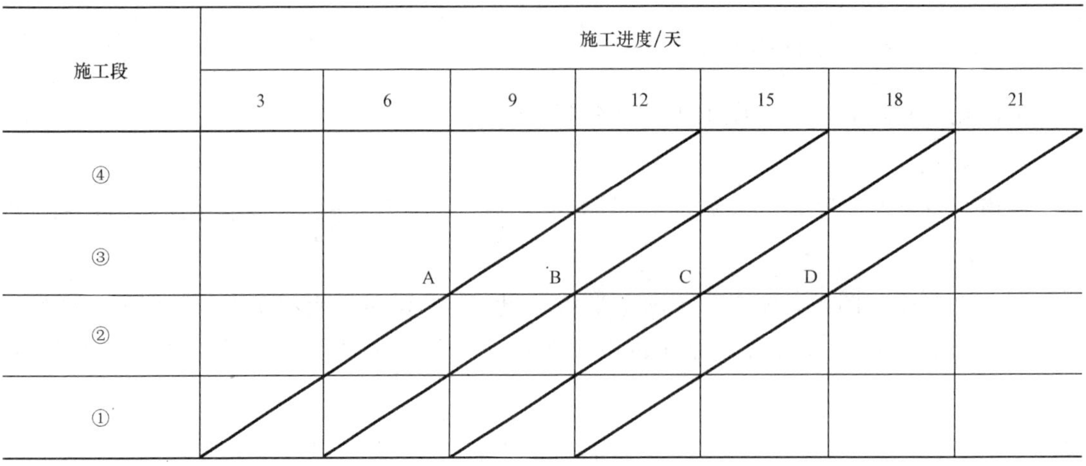

施工段	施工进度/天						
	3	6	9	12	15	18	21
④							
③			A	B	C	D	
②							
①							

图 2-5 流水施工垂直指示图表

第二节 流水施工的基本参数

流水施工参数是指组织流水施工时，为了表示各施工过程在时间上、空间上和工艺上的开展情况和相互依存关系，达到提高土木工程施工技术经济效果而引入的一些描述施工进度计划图表特征和各种数量关系的参数，包括工艺参数、空间参数和时间参数。

一、工艺参数

组织流水施工时，用以表达流水施工在施工工艺上开展顺序及其特征的参数称为工艺参数。它包括施工过程数和流水强度。

1. 施工过程数（n）

组织流水施工时，施工过程数划分的范围可大可小，数目可多可少，它可以是单位工程、分部工程或分项工程，甚至可以是一个工序，数目可根据该项目的复杂程度和施工方法确定。施工过程数通常用 n 表示。

一般来说，施工过程可分为三类，即制备类、运输类和建造类。

施工现场组织流水施工时，建造类在施工中起主导作用，包括安装、砌筑和浇筑等施工过程，它直接影响施工工期，因此必须列入流水施工过程；而制备类、运输类施工过程一般不占用施工工期，其作用是配合工程实体施工的需要，一般不需要列入流水施工过程。

2. 流水强度（V）

流水强度是指某一施工过程在单位时间内所完成的工程量，又称为流水能力或生产能力，通常用 V 表示。流水强度分为手工操作过程的流水强度和机械施工过程的流水强度两种。

（1）手工操作过程的流水强度按下式计算：

$$V = RS \tag{2-1}$$

式中　V——某施工过程手工操作的流水强度；

　　　R——某施工过程的工人人数；

　　　S——某工人每班产量定额。

（2）机械施工过程的流水强度按下式计算：

$$V = \sum_{i=1}^{x} R_i S_i \tag{2-2}$$

式中　V——某施工过程机械操作的流水强度；

　　　R_i——某种施工机械台数；

　　　S_i——该种施工机械产量定额；

　　　x——用于同一施工过程的主导施工机械种类数。

二、空间参数

组织流水施工时，用以表达流水施工在空间布置上所处状态的参数称为空间参数。它包括工作面、施工段数和施工层数。

1. 工作面

工作面是指组织流水施工中，某专业工种的工人所必须具备的活动空间。它根据专业工种的计划产量定额和安全施工技术规程确定。工作面的合理与否，直接影响专业工种工人的劳动生产效率。工作面的大小可采用不同的计量单位加以描述，主要专业工种的工作面参考数据见表 2-2。

表 2-2　主要工种工作面参考数据

工作项目	每个技工工作面	说明
砖基础	7.6 m/人	以 1 砖半计，2 砖乘以 0.8，3 砖乘以 0.55
砌砖墙	8.5 m/人	以 1 砖半计，2 砖乘以 0.71，3 砖乘以 0.57
毛石基础	3 m/人	以 600 mm 宽计
毛石墙	3.3 m/人	以 600 mm 宽计
混凝土柱、墙基础	8 m^3/人	机拌、机捣
混凝土设备基础	7 m^3/人	机拌、机捣

续表

工作项目	每个技工工作面	说明
现浇钢筋混凝土柱	2.45 m³/人	机拌、机捣
现浇钢筋混凝土梁	3.2 m³/人	机拌、机捣
现浇钢筋混凝土楼板	5 m³/人	机拌、机捣
预制钢筋混凝土柱	5.3 m³/人	机拌、机捣
预制钢筋混凝土梁	3.6 m³/人	机拌、机捣
预制钢筋混凝土屋架	2.7 m³/人	机拌、机捣
预制钢筋混凝土平板、空心板	1.91 m³/人	机拌、机捣
预制钢筋混凝土大型屋面板	2.62 m³/人	机拌、机捣
混凝土地坪及面层	40 m²/人	机拌、机捣
外墙抹灰	16 m²/人	—
内墙抹灰	18.5 m²/人	—
卷材屋面	18.5 m²/人	—
防水水泥砂浆屋面	16 m²/人	—
门窗安装	11 m²/人	—

2. 施工段数（m）

组织流水施工中,将施工对象在平面上划分劳动量大致相等的施工区段,这些施工区段称为施工段,它的数目用 m 表示。每一个施工段在某一特定时间内只供一个施工过程的施工队使用。

施工段划分的基本原则如下:

(1) 各施工段的劳动量（或工程量）力求大致相等。相差幅度不宜超过15%,以保证流水施工的连续性、均衡性和有节奏性。

(2) 有利于结构的整体性。施工段的分界线尽量与结构界限（伸缩缝、沉降缝或单元分界线）一致。

(3) 施工段的划分数目要适宜。施工段数目过多,会导致工作面太小,工作面的利用率低,延长工期,同时减少施工作业人数;施工段数目过少,会导致工作面太大,又会引起资源消耗过分集中,无法组织流水施工。

(4) 施工段的划分通常以主导施工过程为依据。例如砖混结构房屋施工中,要以砌筑、浇筑混凝土楼板为主导施工过程来划分施工段。

(5) 当有层间关系时,既分段又分层,应使各施工队能够连续施工。即各施工过程的施工队做完第一段,立即转入第二段,做完第一层最后一段,立即转入第二层第一段,因而每层最少的施工段数应满足:

$$m_{\min} \geqslant n \tag{2-3}$$

式中 $m_{\min}$——每层最少的施工段数;

n——施工过程数。

如某二层现浇钢筋混凝土框架结构工程,由安装模板、绑扎钢筋和浇筑混凝土三个施工过程组成,各施工过程在各施工段的工作时间为2天,则施工过程数与施工段数有下列三种情形,如图2-6~图2-8所示。

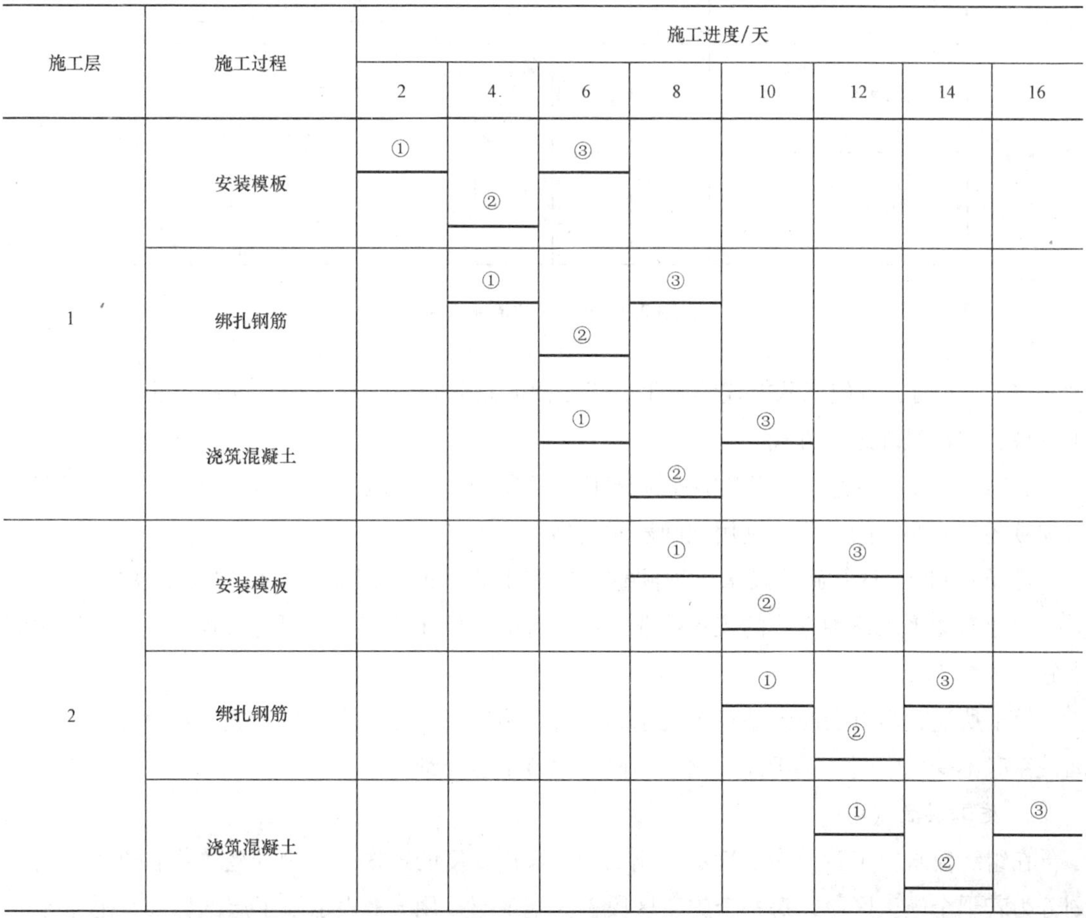

施工层	施工过程	施工进度/天							
		2	4	6	8	10	12	14	16
1	安装模板	①	②	③					
	绑扎钢筋		①	②	③				
	浇筑混凝土			①	②	③			
2	安装模板				①	②	③		
	绑扎钢筋					①	②	③	
	浇筑混凝土						①	②	③

图2-6 $m=n$ 的流水作业

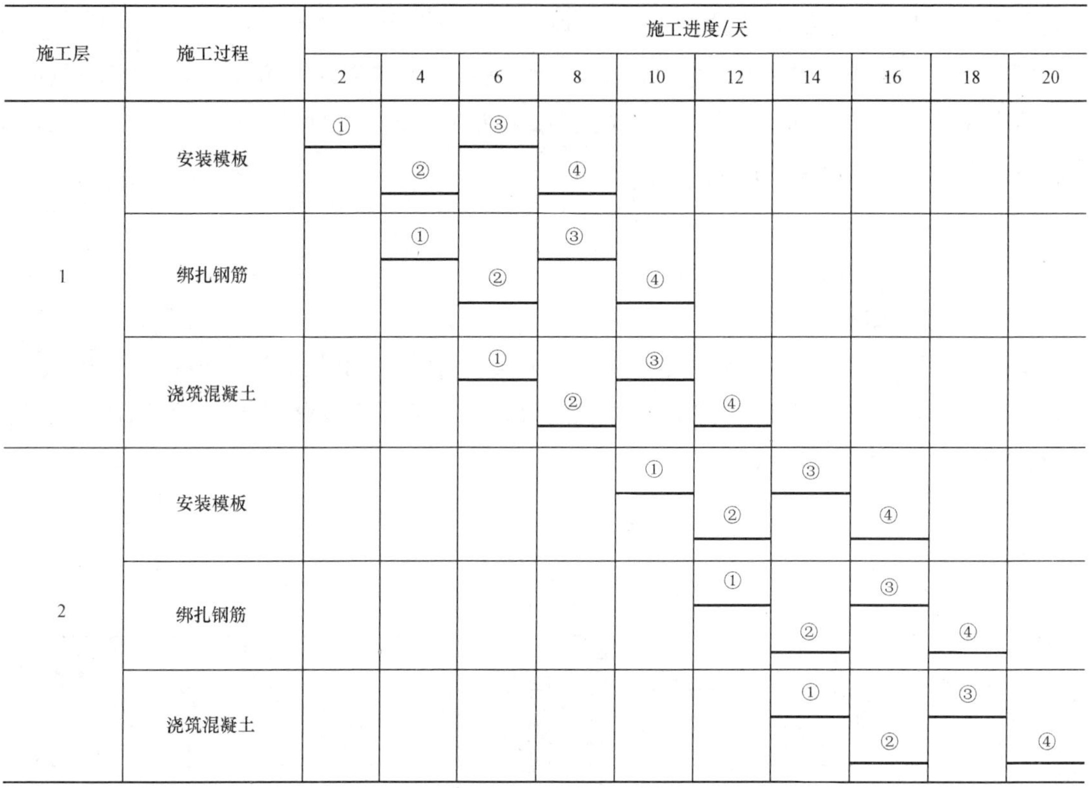

施工层	施工过程	施工进度/天									
		2	4	6	8	10	12	14	16	18	20
1	安装模板	①	②	③	④						
1	绑扎钢筋		①	②	③	④					
1	浇筑混凝土			①	②	③	④				
2	安装模板					①	②	③	④		
2	绑扎钢筋						①	②	③	④	
2	浇筑混凝土							①	②	③	④

图 2-7 $m > n$ 的流水作业

当 $m = n$ 时，各施工队能连续施工，工作面能充分利用，施工段无间歇，也不会产生窝工现象，它是最理想的方式。

当 $m > n$ 时，各施工队仍然能连续施工，但施工段有间歇，工作面未充分利用，但有时该间歇还是有必要的，可以利用此间歇时间做一些准备工作。

当 $m < n$ 时，尽管施工段未出现间歇，但施工队不能连续作业，出现窝工现象。因此，对一个建筑物采用这种方式的流水作业是不适宜的，但在建筑群中可与其他建筑物组织大流水施工。

综上所述，当有层间关系组织流水施工时，施工段数必须大于等于施工过程数，当无层间关系时不受此限制，关于此问题在后面的章节中有详细介绍。

3. 施工层数（r）

在组织流水施工时，为了满足专业工种对操作高度的要求，将拟建建筑物在垂直方向上划分为若干个施工区段，每一个施工区段称为施工层，用 r 来表示施工层的数目。通常施工层按结构层划分。

施工层	施工过程	施工进度/天						
		2	4	6	8	10	12	14
1	安装模板	①	②					
	绑扎钢筋		①	②				
	浇筑混凝土			①	②			
2	安装模板				①	②		
	绑扎钢筋					①	②	
	浇筑混凝土						①	②

图 2-8 $m<n$ 的流水作业

三、时间参数

组织流水施工时，用以表达流水施工在时间排列上所处状态的参数称为时间参数。它包括流水节拍、流水步距、技术间歇时间与组织间歇时间、平行搭接时间、流水施工工期。

1. 流水节拍（t）

流水节拍是指在组织流水施工中，某个专业施工队在一个施工段上工作的持续时间，用 t 来表示。

流水节拍的大小直接关系到采用的施工方法以及投入的劳动力、机械、材料和工作班次的多少，也决定着流水施工的节奏和速度。流水节拍的确定通常有以下三种方法：

(1) 定额计算法。

$$t_{i,j} = \frac{Q_{i,j}}{S_j R_j N_j} \tag{2-4}$$

式中 $t_{i,j}$——第 j 专业施工队在第 i 个施工段上的流水节拍；

$Q_{i,j}$——第 j 专业施工队在第 i 个施工段上的工程量；

S_j——第 j 专业施工队的计划产量定额；

R_j——第 j 专业施工队的施工人数或机械台数；

N_j——第 j 专业施工队的工作班次。

(2) 工期计算法。根据工期要求确定流水节拍。对某些有工期要求的工程项目，必须在合同规定的时间内完成施工任务，通常采用倒排进度的方法来确定流水节拍的大小，即

$$t_i = \frac{T_i}{m_i} \tag{2-5}$$

式中 t_i——某施工过程在某施工段上工作的持续时间（流水节拍）；

T_i——某施工过程工作的持续时间；

m_i——某施工过程的施工段数。

(3) 经验估算法。经验估算法是根据过去施工经验估算出某个施工过程流水节拍的最长、最短和最可能三种时间，然后据此求出该施工过程在该施工段上的期望持续时间（流水节拍），也称为三时估算法。这种方法适用于该施工过程采用新材料、新工艺、新方法，没有可借鉴的定额使用时。其计算公式如下：

$$t_i = \frac{a + 4c + b}{6} \tag{2-6}$$

式中 t_i——某施工过程在某施工段上工作的持续时间（流水节拍）；

a——某施工过程在某施工段上工作的最短估算时间；

b——某施工过程在某施工段上工作的最长估算时间；

c——某施工过程在某施工段上工作的最可能估算时间。

流水节拍的确定应考虑下列因素：

(1) 专业施工队的人数要适宜，要符合该施工过程最小劳动组合人数的要求。

(2) 要满足最小工作面的要求，确保充分发挥施工效率和安全施工。

(3) 要考虑各种机械的台班效率以及台班产量。

(4) 合理确定工作班制，如工期要求不紧，可采用一班制；如工期要求紧张，可采用二班制或三班制。

(5) 要满足施工技术的要求，如大体积混凝土施工，要求连续浇筑，不得留设施工缝，可采用合理的施工组织措施确定流水节拍，保证施工质量。

(6) 流水节拍一般取整数，特殊情况可取 0.5 的倍数。

2. 流水步距（k）

流水步距是指在组织流水施工中，相邻的两个施工过程先后进入同一个施工段作业最小的时间间隔，用 k 来表示。

流水步距的确定应满足下列要求：

（1）要满足相邻两个专业施工队的施工顺序要求。

（2）要保证相邻两个专业施工队在各个施工段能够连续作业。

（3）要使相邻两个专业施工队在开工时间上能够合理地、最大限度地搭接。

（4）要满足工程质量和安全施工的要求。

3. 技术间歇时间与组织间歇时间

（1）技术间歇时间。在组织流水施工中，由施工工艺要求决定的合理的间歇时间称为技术间歇时间，如混凝土浇筑完成后需要养护的时间等。

（2）组织间歇时间。在组织流水施工中，由施工组织要求决定的合理的间歇时间称为组织间歇时间，如隐蔽工程验收的时间等。

4. 平行搭接时间

在组织流水施工中，通常情况下，在一个施工段内只允许一个专业施工队组织施工，但如工作面许可，为了缩短工期，前一个专业施工队完成部分作业后，后一个专业施工队就进入前一个专业施工队所处的施工段内作业，这样前后两个专业施工队在一个施工段内平行作业的时间就称为平行搭接时间。

5. 流水施工工期

流水施工工期是指在组织流水施工中，第一个专业施工队进入流水施工到最后一个专业施工队退出流水施工为止作业的整个持续时间。

第三节　流水施工的组织方法

一、流水施工的分类

1. 根据组织流水施工对象的范围划分

根据组织流水施工对象的范围不同，流水施工可分为以下几类：

（1）分项工程流水施工。分项工程流水施工又称细部流水施工，是指在一个专业工种内部组织起来的流水施工。如钢筋绑扎工程中钢筋班组依次在各施工段内连续完成钢筋绑扎工作。细部流水施工是组织流水施工最小的流水施工单位。

（2）分部工程流水施工。分部工程流水施工又称专业流水施工，是指在一个分部工程内部各分项工程之间组织的流水施工。如多层现浇钢筋混凝土框架结构工程由安装模板、绑扎钢筋和浇筑混凝土三个分项工程所组成的流水施工。

（3）单位工程流水施工。单位工程流水施工又称综合流水施工，是指在一个单位工程内部各分部工程之间组织的流水施工。如多层现浇钢筋混凝土框架结构工程由基础工程、主体结构工程、屋面工程和装饰工程所组成的流水施工。

（4）群体工程流水施工。群体工程流水施工又称大流水施工，是指在群体工程内部各单位工程之间组织的流水施工。如多层现浇钢筋混凝土框架结构工程由土建工程、设备安装工程所组成的流水施工。

2. 根据流水施工节奏的规律划分

根据流水施工节奏的规律，流水施工可划分为有节奏流水施工和无节奏流水施工。有节奏流水施工又可划分为全等节拍流水施工（固定节拍流水施工）和异节拍流水施工。

二、全等节拍流水施工

全等节拍流水施工就是在组织流水施工中，同一施工过程在不同施工段的流水节拍相等，不同施工过程的流水节拍也都完全相等的一种流水施工方式。

（一）全等节拍流水施工的特点

（1）各施工过程在各施工段上的流水节拍彼此相等。

（2）不同施工过程的流水节拍也都完全相等。

（3）相邻施工过程的流水步距完全相等，且等于流水节拍。

（4）各专业施工队能够连续作业，施工段没有空闲。

（5）专业施工队数等于施工过程数。

（二）全等节拍流水施工的组织步骤

1. 确定施工段数（m）

施工段数的确定分无层间关系和有层间关系两种情形。

（1）无层间关系时，施工段数的确定可按工程具体情况以及划分施工段的基本原则来考虑。

（2）有层间关系时，为了保证各施工过程能够连续施工，通常可取 $m_{\min} \geq n$，即

$$m = n + \frac{\sum Z_1}{k} + \frac{\sum Z_2}{k} \tag{2-7}$$

式中　m——施工段数；

　　　n——施工过程数；

　　　k——流水步距；

　　　$\sum Z_1$——同一楼层内各施工过程的技术间歇时间与组织间歇时间之和；

　　　$\sum Z_2$——相邻楼层之间的技术间歇时间与组织间歇时间之和。

2. 计算流水施工工期（T）

流水施工工期的计算同样也分两种情形。

(1) 无层间关系时，流水施工工期的计算公式如下：

$$T = (m + n - 1)k + \sum Z_{i,i+1} - \sum C_{i,i+1} \tag{2-8}$$

式中 T——流水施工工期；

m——施工段数；

n——施工过程数；

k——流水步距；

$Z_{i,i+1}$——i，$i+1$ 两施工过程之间的技术间歇时间与组织间歇时间；

$C_{i,i+1}$——i，$i+1$ 两施工过程之间的平行搭接时间。

(2) 有层间关系时，流水施工工期的计算公式如下：

$$T = (mr + n - 1)k + \sum Z_1 - \sum C_1 \tag{2-9}$$

式中 T——流水施工工期；

m——施工段数；

r——施工层数；

n——施工过程数；

k——流水步距；

$\sum Z_1$——同一楼层内各施工过程的技术间歇时间与组织间歇时间之和；

$\sum C_1$——同一楼层内各施工过程之间的平行搭接时间之和。

3. 绘制流水施工进度表

【例 2-1】 某分部工程由 A、B、C、D、E 五个分项工程组成，每个分项工程在平面上划分为四个施工段，流水节拍均为 3 天，试组织全等节拍流水施工。

【解】 (1) 确定流水步距。根据全等节拍流水施工的特点可知：

$$k = t = 3 \text{（天）}$$

(2) 计算流水施工工期。

$$T = (m + n - 1)k + \sum Z_{i,i+1} - \sum C_{i,i+1} = (4 + 5 - 1) \times 3 = 24 \text{（天）}$$

(3) 绘制流水施工进度表，如图 2-9 所示。

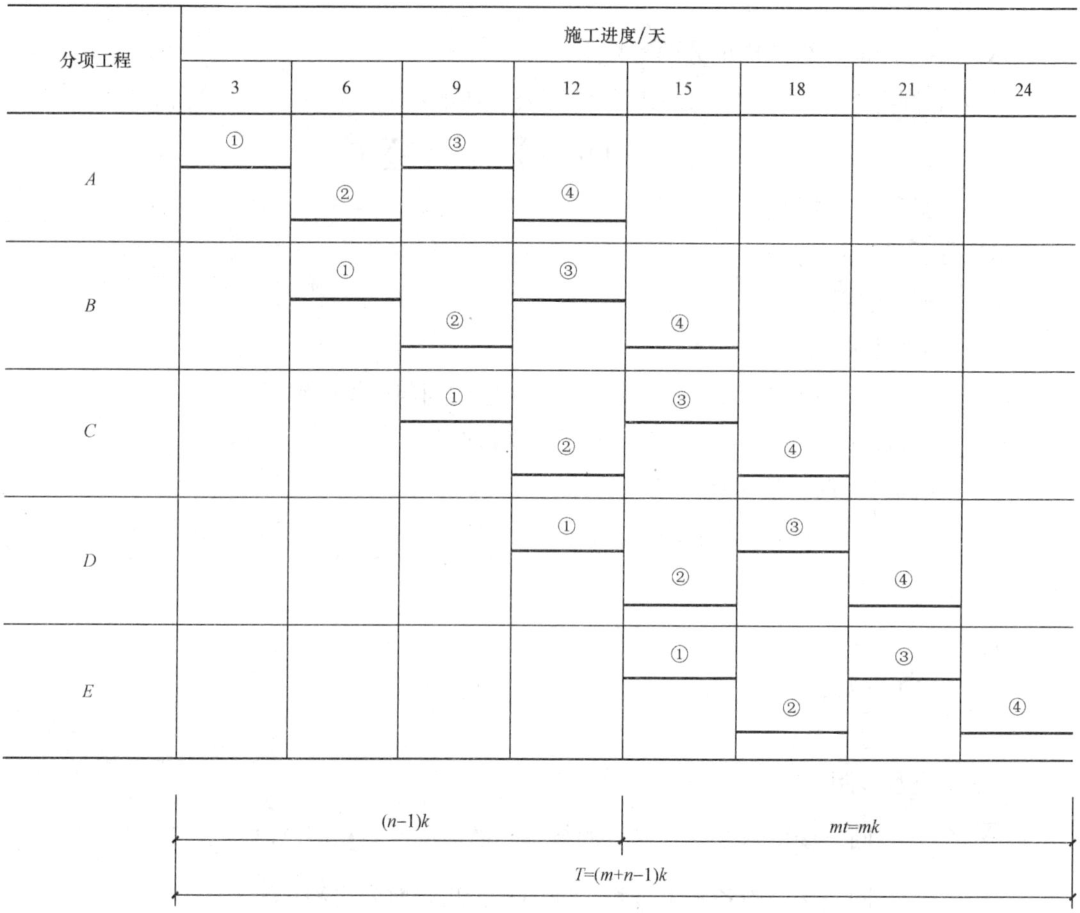

分项工程	施工进度/天							
	3	6	9	12	15	18	21	24
A	①	②	③	④				
B		①	②	③	④			
C			①	②	③	④		
D				①	②	③	④	
E					①	②	③	④

$(n-1)k$ | $mt=mk$

$T=(m+n-1)k$

图 2-9 某分部工程全等节拍流水施工进度表

【例 2-2】某分部工程由 A、B、C、D、E 五个分项工程组成,在竖向划分两个施工层组织流水施工,各分项工程的流水节拍均为 2 天,分项工程 C 与 D 之间有 2 天的组织间歇时间,且层间技术间歇时间为 2 天,为保证专业施工队连续作业,试组织全等节拍流水施工。

【解】(1) 确定流水步距。根据全等节拍流水施工的特点可知:

$$k = t = 2 \text{（天）}$$

(2) 确定施工段数。

$$m = n + \frac{\sum Z_1}{k} + \frac{\sum Z_2}{k} = 5 + \frac{2}{2} + \frac{2}{2} = 7 \text{（段）}$$

(3) 计算流水施工工期。

$$T = (mr + n - 1)k + \sum Z_1 - \sum C_1 = (7 \times 2 + 5 - 1) \times 2 + 2 = 38 \text{（天）}$$

(4) 绘制流水施工进度表,如图 2-10 所示。

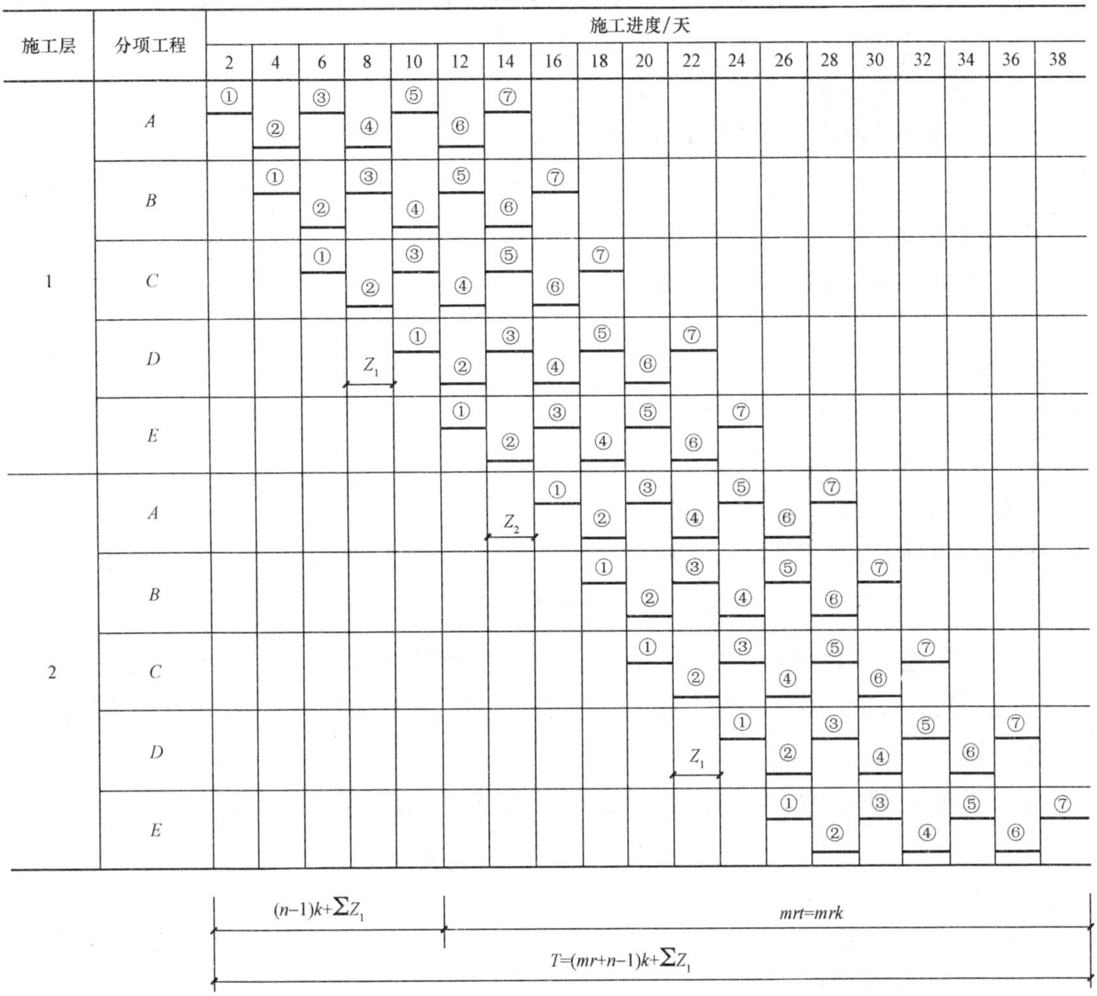

图 2-10 某分部工程全等节拍流水施工进度表

三、异节拍流水施工

异节拍流水施工就是在组织流水施工中，同一施工过程在不同施工段的流水节拍相等，不同施工过程的流水节拍不完全相等的一种流水施工方式。异节拍流水施工可分为等步距异节拍流水施工（加快成倍节拍流水施工）和异步距异节拍流水施工（一般成倍节拍流水施工）。

（一）等步距异节拍流水施工

1. 等步距异节拍流水施工的特点

（1）各施工过程在各施工段上的流水节拍彼此相等。

（2）不同施工过程的流水节拍不完全相等，或成某种倍数关系。

(3) 相邻施工过程的流水步距完全相等,且等于流水节拍的最大公约数。
(4) 各专业施工队能够连续施工,施工段没有空闲。
(5) 专业施工队数大于施工过程数。

2. 等步距异节拍流水施工的组织步骤

(1) 确定流水步距(k_a)。等步距异节拍流水施工的流水步距为各施工过程流水节拍的最大公约数。

(2) 确定各施工过程的施工队数目。

$$b_i = \frac{t_i}{k_a} \tag{2-10}$$

式中 b_i——第 i 个施工过程所需专业施工队数目;
t_i——第 i 个施工过程的流水节拍;
k_a——流水步距(最大公约数)。

(3) 确定施工队的总数目(n_a)。

$$n_a = \sum b_i \tag{2-11}$$

(4) 确定施工段数(m)。施工段数的确定分无层间关系和有层间关系两种情形。

①无层间关系时,施工段数的确定可按工程具体情况以及划分施工段的基本原则来考虑。通常取 $m = n_a$。

②有层间关系时,为了保证各施工过程能够连续施工,通常按如下公式确定:

$$m = n_a + \frac{\sum Z_1}{k_a} + \frac{\sum Z_2}{k_a} \tag{2-12}$$

式中 m——施工段数;
n_a——施工队的总数目;
k_a——流水步距;
$\sum Z_1$——同一楼层内各施工过程的技术间歇时间与组织间歇时间之和;
$\sum Z_2$——相邻楼层之间的技术间歇时间与组织间歇时间之和。

(5) 计算流水施工工期(T)。流水施工工期的计算同样也分两种情形。

①无层间关系时,流水施工工期的计算公式如下:

$$T = (m + n_a - 1)k_a + \sum Z_{i,i+1} - \sum C_{i,i+1} \tag{2-13}$$

式中 T——流水施工工期;
m——施工段数;
n_a——施工队的总数目;
k_a——流水步距;
$Z_{i,i+1}$——i, $i+1$ 两施工过程之间的技术间歇时间与组织间歇时间;
$C_{i,i+1}$——i, $i+1$ 两施工过程之间的平行搭接时间。

②有层间关系时,流水施工工期的计算公式如下:

$$T = (mr + n_a - 1)k_a + \sum Z_1 - \sum C_1 \tag{2-14}$$

式中　T——流水施工工期;

　　　m——施工段数;

　　　r——施工层数;

　　　n_a——施工队的总数目;

　　　k_a——流水步距;

　　　$\sum Z_1$——同一楼层内各施工过程的技术间歇时间与组织间歇时间之和;

　　　$\sum C_1$——同一楼层内各施工过程之间的平行搭接时间之和。

(6) 绘制流水施工进度表。

【**例2-3**】某分部工程由 A、B、C、D 四个施工过程组成,划分为七个施工段组织流水施工,流水节拍分别为 $t_A=2$ 天、$t_B=4$ 天、$t_C=6$ 天、$t_D=2$ 天,试组织等步距异节拍流水施工。

【**解**】(1) 确定流水步距。根据等步距异节拍流水施工的特点可知:

$$k_a = 2 \text{ 天}$$

(2) 确定各施工过程的施工队数目。

$$b_A = \frac{t_A}{k_a} = \frac{2}{2} = 1 \text{ (个)}$$

$$b_B = \frac{t_B}{k_a} = \frac{4}{2} = 2 \text{ (个)}$$

$$b_C = \frac{t_C}{k_a} = \frac{6}{2} = 3 \text{ (个)}$$

$$b_D = \frac{t_D}{k_a} = \frac{2}{2} = 1 \text{ (个)}$$

(3) 确定施工队的总数目。

$$n_a = \sum b_i = 1 + 2 + 3 + 1 = 7 \text{ (个)}$$

(4) 计算流水施工工期。

$$T = (m + n_a - 1)k_a + \sum Z_{i,i+1} - \sum C_{i,i+1} = (7 + 7 - 1) \times 2 = 26 \text{ (天)}$$

(5) 绘制流水施工进度表,如图2-11所示。

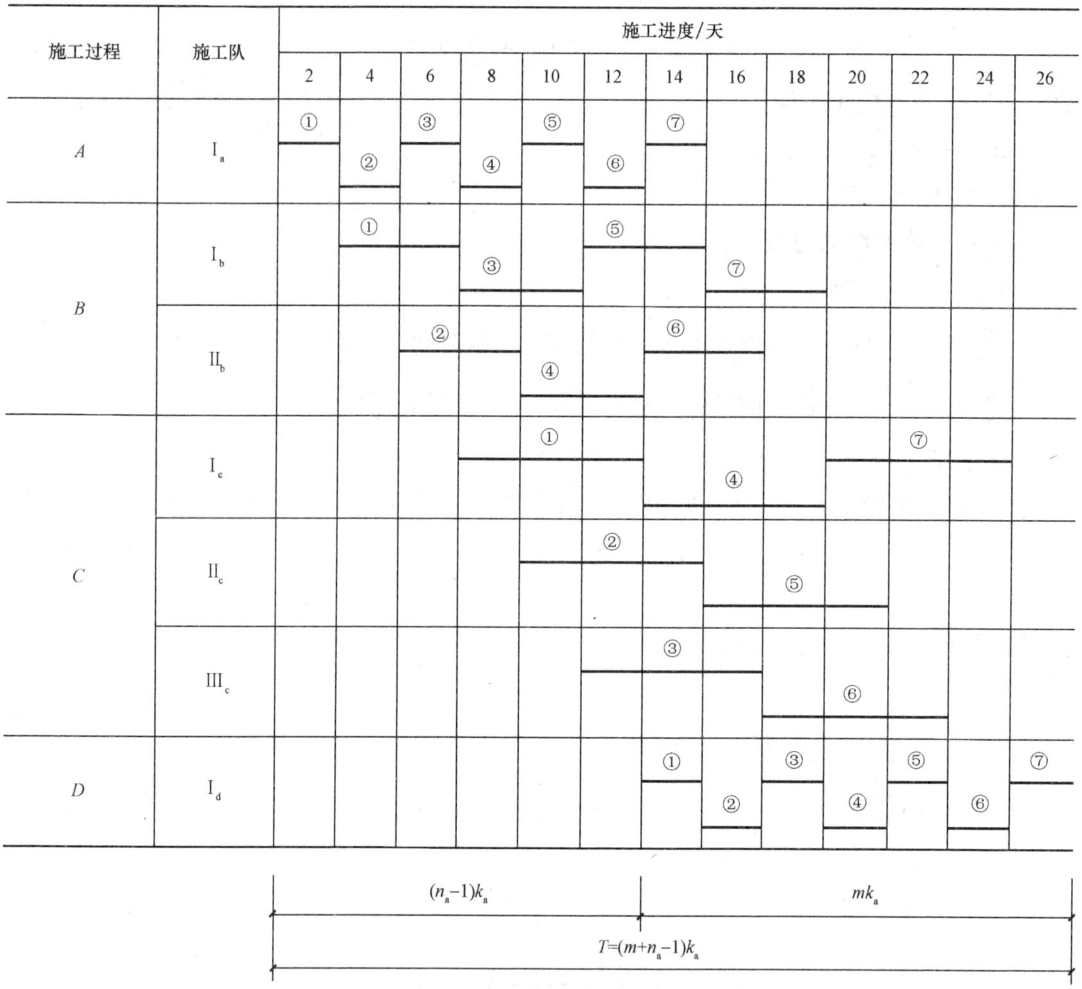

施工过程	施工队	施工进度/天												
		2	4	6	8	10	12	14	16	18	20	22	24	26
A	I_a	①	②	③ ④		⑤ ⑥		⑦						
B	I_b		①		③		⑤			⑦				
	II_b				②	④			⑥					
C	I_c						①			④		⑦		
	II_c							②			⑤			
	III_c								③		⑥			
D	I_d								① ②		③ ④		⑤ ⑥		⑦

$(n_a-1)k_a$ mk_a

$T=(m+n_a-1)k_a$

图 2-11 某分部工程等步距异节拍流水施工进度表

【例 2-4】某分部工程由 A、B、C 三个分项工程组成，在竖向划分两个施工层组织流水施工，各分项工程的流水节拍分别为 $t_A=2$ 天、$t_B=4$ 天、$t_C=4$ 天。分项工程 B 与 C 之间有 2 天的技术间歇时间，且层间技术间歇时间为 2 天，为保证专业施工队连续施工，试组织等步距异节拍流水施工。

【解】（1）确定流水步距。根据等步距异节拍流水施工的特点可知：

$$k_a=2 \text{ 天}$$

（2）确定各施工过程的施工队数目。

$$b_A=\frac{t_A}{k_a}=\frac{2}{2}=1 \text{（个）}$$

$$b_B=\frac{t_B}{k_a}=\frac{4}{2}=2 \text{（个）}$$

$$b_C = \frac{t_C}{k_a} = \frac{4}{2} = 2 \text{（个）}$$

（3）确定施工队的总数目。

$$n_a = \sum b_i = 1 + 2 + 2 = 5 \text{（个）}$$

（4）确定施工段数。

$$m = n_a + \frac{\sum Z_1}{k_a} + \frac{\sum Z_2}{k_a} = 5 + \frac{2}{2} + \frac{2}{2} = 7 \text{（段）}$$

（5）计算流水施工工期。

$$T = (mr + n_a - 1)k_a + \sum Z_1 - \sum C_1 = (7 \times 2 + 5 - 1) \times 2 + 2 = 38 \text{（天）}$$

（6）绘制流水施工进度表，如图2-12所示。

施工层	分项工程	施工队	施工进度/天																
			2	4	6	8	10	12	14	16	18	20	22	24	26	28	30	32	34	36	38
1	A	I_a	①		③		⑤		⑦												
				②		④		⑥													
	B	I_b		①			⑤														
					③			⑦													
		II_c		②			⑥														
					④																
	C	I_c					①		⑤												
						Z_1		③		⑦											
		II_c					②		⑥												
								④													
2	A	I_a							①		③		⑤		⑦						
							Z_2	②		④		⑥									
	B	I_b								①			⑤								
										③			⑦								
		II_b								②		⑥									
											④										
	C	I_c											①		③		⑤		⑦		
													Z_1								
		II_c											②		⑥						
														④							

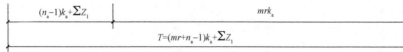

图2-12 某分部工程等步距异节拍流水施工进度表

（二）异步距异节拍流水施工

1. 异步距异节拍流水施工的特点

（1）各施工过程在各施工段上的流水节拍彼此相等。

（2）不同施工过程的流水节拍不完全相等。

（3）不同施工过程的流水步距不一定相等。

（4）各专业施工队能够连续施工，施工段可能有空闲。

（5）专业施工队数等于施工过程数。

2. 异步距异节拍流水施工的组织步骤

（1）确定流水步距。

$$k_{i,i+1} = t_i \quad （当 t_i \leq t_{i+1} 时） \tag{2-15}$$

$$k_{i,i+1} = mt_i - (m-1)t_{i+1} \quad （当 t_i > t_{i+1} 时） \tag{2-16}$$

式中 $k_{i,i+1}$——第 i 个施工过程和第 $i+1$ 个施工过程之间的流水步距；

m——施工段数；

t_i——第 i 个施工过程的流水节拍；

t_{i+1}——第 $i+1$ 个施工过程的流水节拍。

（2）计算流水施工工期。

$$T = \sum k_{i,i+1} + T_n + \sum Z_{i,i+1} - \sum C_{i,i+1} \tag{2-17}$$

式中 T——流水施工工期；

$k_{i,i+1}$——第 i 个施工过程和第 $i+1$ 个施工过程之间的流水步距；

T_n——最后一个施工过程作业的持续时间；

$Z_{i,i+1}$——$i, i+1$ 两施工过程之间的技术间歇时间与组织间歇时间；

$C_{i,i+1}$——$i, i+1$ 两施工过程之间的平行搭接时间。

（3）绘制流水施工进度表。

【例 2-5】某分部工程由 A、B、C、D 四个分项工程组成，分三个施工段组织流水施工，各分项工程的流水节拍分别为 $t_A = 2$ 天、$t_B = 4$ 天、$t_C = 3$ 天、$t_D = 2$ 天。分项工程 A 与 B 之间有 2 天的技术间歇时间，分项工程 C 与 D 之间有 1 天的平行搭接时间，为保证专业施工队连续施工，试组织异步距异节拍流水施工。

【解】（1）确定流水步距。根据已知条件：

$$n = 4 \quad m = 3 \quad t_A = 2（天）\quad t_B = 4（天）\quad t_C = 3（天）\quad t_D = 2（天）$$

$$Z_{A,B} = 2（天）\quad C_{C,D} = 1（天）$$

$t_A < t_B$，则 $k_{A,B} = t_A = 2$（天）

$t_B > t_C$，则 $k_{B,C} = mt_B - (m-1)t_C = 3 \times 4 - (3-1) \times 3 = 6$（天）

$t_C > t_D$，则 $k_{C,D} = mt_C - (m-1)t_D = 3 \times 3 - (3-1) \times 2 = 5$（天）

（2）计算流水施工工期。

$$T = \sum k_{i,i+1} + T_n + \sum Z_{i,i+1} - \sum C_{i,i+1} = 2+6+5+3\times2+2-1 = 20（天）$$

（3）绘制流水施工进度表，如图2-13所示。

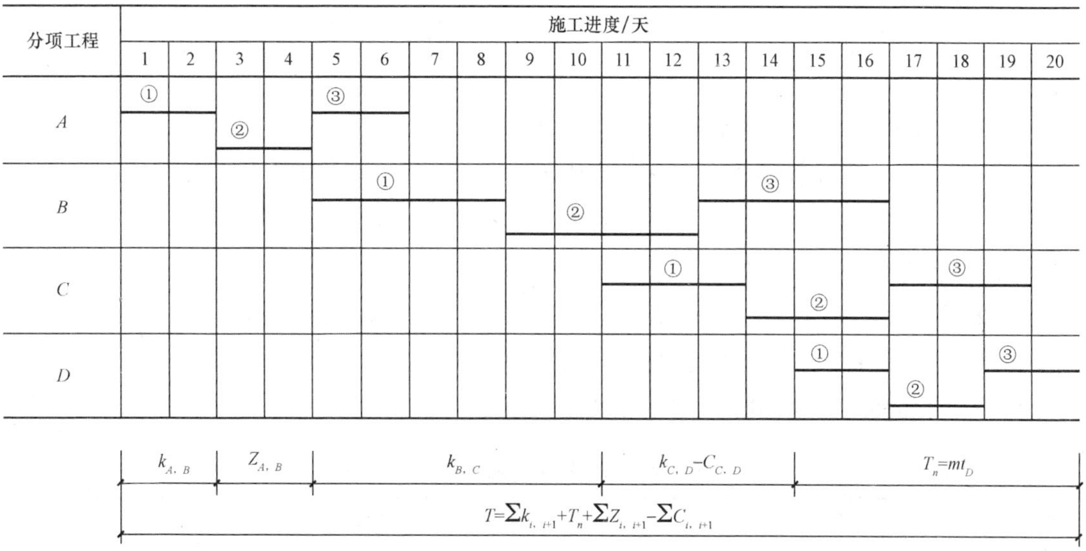

图 2-13　某分部工程异步距异节拍流水施工进度表

四、无节奏流水施工

无节奏流水施工是指各施工过程在各施工段上的流水节拍不完全相等的一种流水组织形式。

在实际工程中，要做到各施工过程在各施工段上的流水节拍完全相等是比较困难的，由于各专业施工队的生产效率相差较大，最终导致各流水节拍彼此不等，有节奏流水施工是无节奏流水施工的特例，无节奏流水施工在进度安排上比较灵活，是常见的一种流水组织形式。

1. 无节奏流水施工的特点

（1）各施工过程在各施工段上的流水节拍不完全相等。

（2）不同施工过程的流水步距不完全相等。

（3）各专业施工队能够连续施工，施工段可能有空闲。

（4）专业施工队数等于施工过程数。

2. 无节奏流水施工的组织步骤

（1）确定流水步距。流水步距的确定通常采用"累加数列错位相减取大差"的方法，也称为潘特考夫斯基法。其步骤如下：

①将各个施工过程的流水节拍累加，形成累加数列。

②将相邻两个施工过程的累加数列错位相减。

③将错位相减的最大值作为两相邻施工过程的流水步距。

(2) 计算流水施工工期。

$$T = \sum k_{i,i+1} + T_n + \sum Z_{i,i+1} - \sum C_{i,i+1} \qquad (2\text{-}18)$$

式中　T——流水施工工期；

　　　$k_{i,i+1}$——第 i 个施工过程和第 $i+1$ 个施工过程之间的流水步距；

　　　T_n——最后一个施工过程作业的持续时间；

　　　$Z_{i,i+1}$——i，$i+1$ 两施工过程之间的技术间歇时间与组织间歇时间；

　　　$C_{i,i+1}$——i，$i+1$ 两施工过程之间的平行搭接时间。

(3) 绘制流水施工进度表。

【例 2-6】 某分部工程由 A、B、C、D 四个分项工程组成，每个分项工程在平面上划分为四个施工段，流水节拍见表 2-3，其中 A 与 B 之间有 2 天的技术间歇时间，C 与 D 之间有 1 天的平行搭接时间，试组织无节奏流水施工。

表 2-3　各分项工程的流水节拍　　　　　　　　　　　　　　天

分项工程 施工段	A	B	C	D
①	3	4	2	3
②	1	2	2	2
③	2	3	2	3
④	3	2	4	1

【解】 (1) 确定流水步距。

第一步：计算各个分项工程流水节拍的累加数列。

$$A：3,\ 4,\ 6,\ 9$$
$$B：4,\ 6,\ 9,\ 11$$
$$C：2,\ 4,\ 6,\ 10$$
$$D：3,\ 5,\ 8,\ 9$$

第二步：相邻两个分项工程流水节拍的累加数列错位相减取大差。

$$\begin{array}{r} 3,\ 4,\ 6,\ 9 \\ -)4,\ 6,\ 9,\ 11 \\ \hline 3,\ 0,\ 0,\ 0,\ -11 \end{array}$$

$$k_{A,B}=3\,（天）$$

$$\begin{array}{r} 4,\ 6,\ 9,\ 11 \\ -)2,\ 4,\ 6,\ 10 \\ \hline 4,\ 4,\ 5,\ 5,\ -10 \end{array}$$

$$k_{B,C}=5\,（天）$$

$$\begin{array}{r} 2,\quad 4,\quad 6,\quad 10 \\ -)\quad\quad 3,\quad 5,\quad 8,\quad 9 \\ \hline 2,\quad 1,\quad 1,\quad 2,\quad -9 \end{array}$$

$$k_{C,D} = 2\ (\text{天})$$

（2）计算流水施工工期。

$$T = \sum k_{i,i+1} + T_n + \sum Z_{i,i+1} - \sum C_{i,i+1} = 3+5+2+3+2+3+1+2-1 = 20\ (\text{天})$$

（3）绘制流水施工进度表，如图2-14所示。

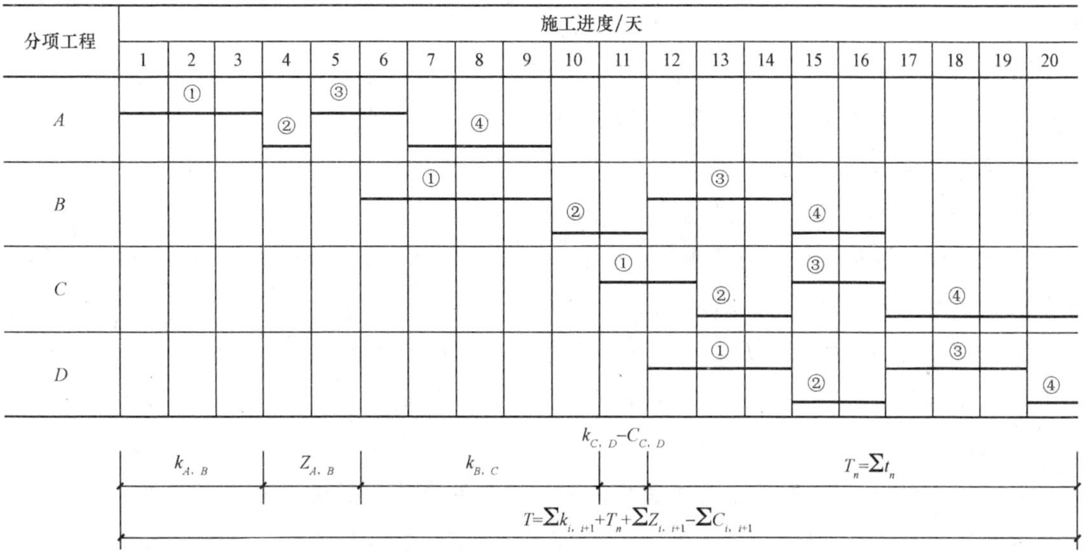

图 2-14　某分部工程无节奏流水施工进度表

思考题

1. 什么是依次施工、平行施工、流水施工？
2. 简述流水施工的特点。
3. 流水施工的表示方式有哪几种形式？
4. 流水施工有哪些主要参数？试分别叙述其含义。
5. 简述施工段划分的基本原则。
6. 流水节拍的确定需考虑哪些因素？
7. 简述全等节拍流水施工的特点及其计算方法。
8. 简述异节拍流水施工的特点及其计算方法。
9. 什么是无节奏流水施工？如何确定其流水步距？

习 题

1. 某工程由 A、B、C、D 四个施工过程组成,每个施工过程均划分为五个施工段。$t_A = 3$ 天、$t_B = 4$ 天、$t_C = 2$ 天、$t_D = 1$ 天。试分别计算依次施工、平行施工和流水施工的工期,并绘制各自的流水施工进度表。

2. 某工程由 A、B、C、D 四个施工过程组成,每个施工过程均划分为四个施工段。流水节拍均为 3 天,其中施工过程 C 完成后有 1 天的技术间歇时间,试组织全等节拍流水施工。

3. 某分部工程由 A、B、C 三个分项工程组成,分两个施工层组织流水施工,各分项工程的流水节拍均为 2 天,其中分项工程 B 与 C 之间有 2 天的技术间歇时间,且层间技术间歇时间为 2 天,试组织全等节拍流水施工。

4. 某基础工程由挖基槽、做垫层、砌基础、回填土四个施工过程组成,在平面上划分了三个施工段,各施工过程的流水节拍分别为挖基槽 6 天、做垫层 3 天、砌基础 4 天、回填土 2 天,试组织异步距异节拍流水施工。

5. 某工程由 A、B、C、D 四个施工过程组成,各施工过程的流水节拍分别为 $t_A = 4$ 天、$t_B = 6$ 天、$t_C = 2$ 天、$t_D = 4$ 天。施工过程 C 完成后有 2 天的技术间歇时间,试组织等步距异节拍流水施工。

6. 某工程由 A、B、C 三个施工过程组成,划分两个施工层组织流水施工,各施工过程的流水节拍分别为 $t_A = 4$ 天、$t_B = 6$ 天、$t_C = 2$ 天。施工过程 A 完成后有 2 天的技术间歇时间,且层间技术间歇时间为 2 天,试组织等步距异节拍流水施工。

7. 某工程由 A、B、C、D 四个施工过程组成,在平面上划分了五个施工段,各施工过程在各施工段的流水节拍见表 2-4,其中 A 与 B 之间有 1 天的组织间歇时间,C 与 D 之间有 2 天的平行搭接时间,试编制无节奏流水施工方案。

表 2-4 各施工过程在各施工段的流水节拍 天

施工过程\施工段	①	②	③	④	⑤
A	2	3	2	4	5
B	3	2	5	3	1
C	4	2	3	3	2
D	3	3	5	2	3

第三章 网络计划技术

★ 本章简介

本章内容包括双代号网络计划、单代号网络计划、双代号时标网络计划、单代号搭接网络计划、网络计划的优化、网络计划的检查与调整。在双代号网络计划中，介绍了双代号网络图的基本概念、绘制规则、时间参数计算、关键工作和关键线路的确定方法以及标号法的基本原理；在单代号网络计划中，介绍了单代号网络图的基本概念、绘制规则、时间参数计算以及关键工作和关键线路的确定方法；在双代号时标网络计划中，讲述了双代号时标网络计划的绘制方法及时间参数的计算；在单代号搭接网络计划中，介绍了单代号搭接网络计划的各种搭接关系；在网络计划的优化中，讲述了工期、工期—费用和资源优化；在网络计划的检查与调整中，讲述了前锋线比较法和其他各种调整方法。

网络计划技术起始于20世纪50年代后期的美国，是随着科学技术的发展而逐步完善的，是一种科学的、有效的管理方法。20世纪60年代，华罗庚教授将其引入国内，称为"统筹法"。它源于工程实践，在工程实践的各个领域得到了广泛的应用。如在投资决策、科学研究、交通运输、工业生产、城市规划、工程管理、国防建设等领域，取得了显著的经济效益和社会效益。

网络计划技术是应用网络图来表达一项工程计划中各项工作的先后顺序和相互关系，通过对网络计划时间参数的计算，找出关键工作、关键线路以及非关键线路上可以利用的机动时间，按照一定的目标对网络计划进行优化，寻求最优方案并付诸实施，最后在工程计划的实施过程中采取有效的措施进行检查、控制、调整和监督，保证工程计划目标得以顺利实现。

网络图是网络计划技术的基本模型。它是由箭线和节点组成的一种用来表示工作流程的有序、有向的网状图形。

网络计划技术的种类很多，可以从不同的角度进行分类。根据目标的多少可分为单目标网络计划、多目标网络计划；根据工作表示方法的不同可分为双代号网络计划、单代号网络计划；根据时间表达方式的不同可分为时标网络计划、非时标网络计划；根据参数类型的不同可分为肯定型网络计划、非肯定型网络计划；根据工作之间连接关系的不同可分为普通网络计划、流水网络计划和搭接网络计划。

第一节 双代号网络计划

一、双代号网络图的基本概念

双代号网络图是由箭线和两端节点编号表示工作的有序、有向的网状图形。它是由工作（箭线）、节点（事件）和线路三个基本要素组成，如图 3-1 所示。

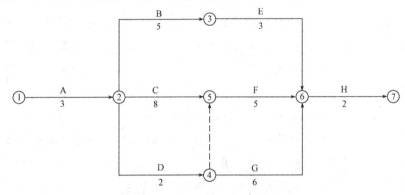

图 3-1 双代号网络图

1. 工作（箭线）

工作就是按计划任务需要的粗细程度划分而成的一个既消耗时间又消耗资源的子项目或子任务。它可以是一个单项工程、单位工程、分部工程、分项工程，也可以是一个工序。在双代号网络图中，每一条箭线表示一项工作，箭线的箭尾节点表示该工作的开始，箭线的箭头节点表示该工作的结束。在非时标网络图中，箭线的长度不受限制，箭线可以画成水平直线、斜线或折线，工作名称标注在箭线上方，完成该工作的持续时间标注在箭线下方，圆圈表示节点，圆圈内的数字表示节点编号。图 3-2 所示为双代号网络图中一项工作的表示方法，又称双代号表示法。

箭线有虚实之分，实箭线表示一项工作既消耗时间，又消耗资源（有时只消耗时间，不消耗资源，如混凝土的养护），而虚箭线表示既不消耗时间，又不消耗资源，所以虚箭线只是虚设的一项工作，实际上并不存在，只表示各项工作之间的逻辑关系，一般起着工作之间的联系、区分和断路作用。虚工作的表示方法如图3-3所示。联系作用是指运用虚工作正确地表达工作之间的相互依存关系；区分作用是指双代号网络图中每一项工作必须用两个代号和一条箭线表示，若两项工作用同一个代号表示，就必须用虚工作加以区别；断路作用是指在绘制双代号网络图时，利用虚工作断掉某些没有任何联系的工作之间的关系。图3-4所示为错误的表示方法，图3-5所示为正确的表示方法（符号A表示安装模板；符号B表示绑扎钢筋；符号C表示浇筑混凝土）。

图3-2 双代号网络图工作的表示方法　　　图3-3 虚工作的表示方法

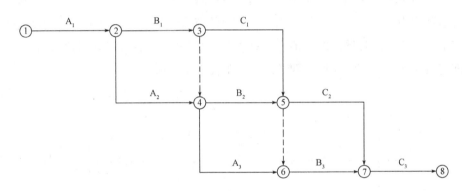

图3-4 逻辑关系错误的双代号网络图

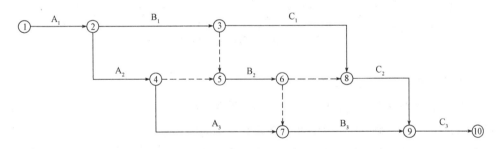

图3-5 逻辑关系正确的双代号网络图

在双代号网络图中，工作之间相互依存或相互制约的关系称为逻辑关系，工作之间的逻辑关系包括工艺关系和组织关系。

工艺关系是指生产性工作之间由工艺过程决定的、非生产性工作之间由工作程序决定的先后顺序关系。

组织关系是指工作之间由于组织安排需要或资源调配需要而规定的先后顺序关系。

在双代号网络图中，紧排在本工作之前的工作称为本工作的紧前工作，紧排在本工作之后的工作称为本工作的紧后工作,与本工作同时进行的工作称为本工作的平行工作。

2. 节点(事件)

双代号网络图中箭线端部的圆圈或其他形状的封闭图形称为节点。节点表示前面工作的结束和后面工作的开始,它既不消耗时间,又不消耗资源,只表示某项工作开始或结束的瞬间。

根据节点在双代号网络图中的位置不同,节点可划分为起点节点、终点节点和中间节点。

双代号网络图中第一个节点为起点节点,最后一个节点为终点节点,其余的节点为中间节点。起点节点只有外向箭线,终点节点只有内向箭线,中间节点既有内向箭线,又有外向箭线。节点编号顺序由小到大,可以连续编号,也可以间断编号,严禁重复。

3. 线路

双代号网络图中从起点节点开始,沿箭头方向顺序通过一系列箭线与节点,最终到达终点节点的通路称为线路。线路可依次用该线路上的节点编号表示,也可依次用该线路上的工作名称表示。一个双代号网络图可能有多条线路,线路中各项工作持续时间之和称为线路的长度,即完成该线路各项工作所需要的时间,如图 3-6 所示。

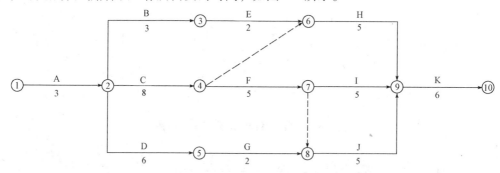

图 3-6 双代号网络图的线路

该双代号网络图中有 5 条线路,即:

第 1 条:①→②→③→⑥→⑨→⑩,线路长度为 19;

第 2 条:①→②→④→⑥→⑨→⑩,线路长度为 22;

第 3 条:①→②→④→⑦→⑨→⑩,线路长度为 27;

第 4 条:①→②→④→⑦→⑧→⑨→⑩,线路长度为 27;

第 5 条:①→②→⑤→⑧→⑨→⑩,线路长度为 22。

在各条线路中,总的持续时间最长的线路为关键线路。关键线路上的工作为关键工作,关键线路用双线或粗线标注。在双代号网络图中,有一条或几条线路是关键线路,其余的线路为非关键线路。图 3-6 中持续时间最长的线路是第 3 条和第 4 条,总的持续时间都为 27,所以第 3 条和第 4 条线路为关键线路。

在双代号网络图中,关键线路和非关键线路并不是一成不变的,在一定条件下,关键线路和非关键线路可以相互转化。例如，采取一定的技术组织措施缩短某些关键线路上工作的持续时间，或者延长某些非关键线路上工作的持续时间，就有可能使关键线路减少、增加或发生转移。

二、双代号网络图的绘制规则

（1）双代号网络图必须正确表达已定的逻辑关系。

双代号网络图常见的逻辑关系及表示方法见表3-1。

表3-1　双代号网络图常见的逻辑关系及表示方法

序号	工作之间的逻辑关系	双代号网络图的表示方法
1	A完成后进行B，B完成后进行C	
2	A、B、C同时开始	
3	A、B、C同时结束	
4	A完成后进行B和C	
5	A、B均完成后进行C	
6	A、B均完成后进行C和D	

续表

序号	工作之间的逻辑关系	双代号网络图的表示方法
7	A 完成后进行 C，A、B 均完成后进行 D	
8	A 完成后进行 C，B 完成后进行 E，A、B 均完成后进行 D	
9	A、B 均完成后进行 D，B、C 均完成后进行 E	
10	A、B、C 均完成后进行 D，B、C 均完成后进行 E	
11	A、B 两项工作分三个施工段流水施工，A_1 完成后进行 A_2、B_1，A_2 完成后进行 A_3、B_2，A_3、B_2 均完成后进行 B_3	

（2）双代号网络图中严禁出现循环回路。

如出现循环回路，则造成逻辑关系混乱，如图 3-7 所示。

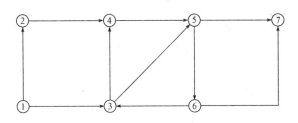

图 3-7　出现循环回路的双代号网络图

（3）双代号网络图中，严禁在节点之间出现如图 3-8 所示的双向箭头或无箭头的连线。

图 3-8　错误的箭线画法

（4）双代号网络图中，严禁出现如图 3-9 所示的没有箭尾节点或箭头节点的箭线。

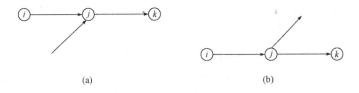

图 3-9　没有箭尾节点和箭头节点的箭线

（5）双代号网络图中，只允许有一个起点节点和一个终点节点，如图 3-10 所示。

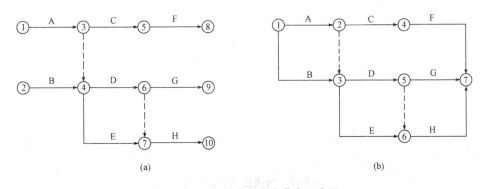

图 3-10　起点节点和终点节点示意图

（a）错误画法；（b）正确画法

（6）当双代号网络图的某些节点有多条外向箭线或多条内向箭线时，为使图形简洁，可采用母线法，如图 3-11 所示。

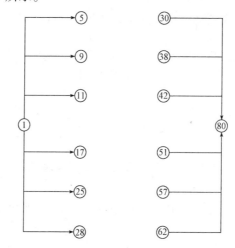

图 3-11 母线法绘图

（7）双代号网络图中不允许出现相同节点编号的工作，如图 3-12 所示。

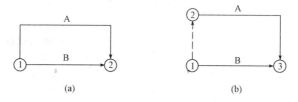

图 3-12 节点编号示意图
（a）错误画法；（b）正确画法

（8）绘制双代号网络图时，箭线不宜交叉，当交叉不可避免时，可用过桥法或指向法表示，如图 3-13 所示。

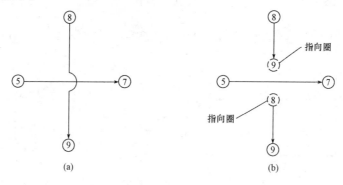

图 3-13 箭线交叉的表示方法
（a）过桥法；（b）指向法

双代号网络图的绘制步骤如下：确定各项工作的逻辑关系；根据各项工作的逻辑关系绘制初始双代号网络图；对初始双代号网络图加以修正整理形成正式的双代号网络图。

【例 3-1】 已知网络计划中各项工作的逻辑关系如表 3-2 所示，试绘制双代号网络图。

表 3-2 网络计划中各项工作的逻辑关系

工作	紧前工作	紧后工作	持续时间
A	—	B、C、D	5
B	A	E、F	5
C	A	F	8
D	A	G	3
E	B	H、I	4
F	B、C	I	5
G	D	I	2
H	E	J	2
I	E、F、G	J	4
J	H、I	—	5

【解】 根据逻辑关系绘制的双代号网络图如图 3-14 所示。

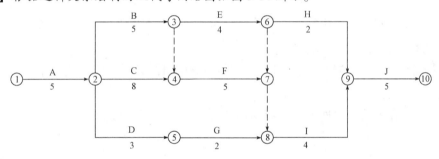

图 3-14 双代号网络图

三、双代号网络图时间参数的计算

双代号网络图时间参数计算的目的就是确定各项工作和各个节点的时间参数，确定计算工期、关键工作和关键线路，确定非关键工作和非关键线路上有多大的机动时间，为双代号网络计划的调整、优化和执行提供依据。

双代号网络图时间参数的计算方法一般有工作计算法和节点计算法。

（一）工作计算法

1. 网络计划的时间参数

（1）工作持续时间。工作持续时间是指一项工作从开始到完成的时间，用 D_{i-j} 表示。

（2）工期。工期是指完成一项任务所需要的时间，在网络计划中，可分为计算工期、要求工期和计划工期三种。

①计算工期。计算工期是指根据网络计划时间参数计算得到的工期，用 T_c 表示。

②要求工期。要求工期是指任务委托合同规定的工期，用 T_r 表示。

③计划工期。计划工期是指根据计算工期和要求工期所确定的作为实施目标的工期，用 T_p 表示。三者之间的关系为：

①当规定了要求工期时，计划工期不应超过要求工期，即

$$T_p \leq T_r \tag{3-1}$$

②当未规定要求工期时，计划工期应等于计算工期，即

$$T_p = T_c \tag{3-2}$$

（3）工作的时间参数。

①最早开始时间。在紧前工作和有关时限约束下，本工作有可能开始的最早时刻，用 ES_{i-j} 表示。

②最迟开始时间。在不影响任务按期完成和有关时限约束下，本工作必须开始的最迟时刻，用 LS_{i-j} 表示。

③最早完成时间。在紧前工作和有关时限约束下，本工作有可能完成的最早时刻，用 EF_{i-j} 表示。

④最迟完成时间。在不影响任务按期完成和有关时限约束下，本工作必须完成的最迟时刻，用 LF_{i-j} 表示。

⑤自由时差。在不影响其紧后工作最早开始和有关时限的前提下，本工作可以利用的机动时间，用 FF_{i-j} 表示。

⑥总时差。在不影响工期和有关时限的前提下，本工作可以利用的机动时间，用 TF_{i-j} 表示。

2. 网络计划时间参数的计算

按工作计算法在双代号网络图上计算各项工作的六个时间参数，其计算结果应进行标注，如图3-15所示。

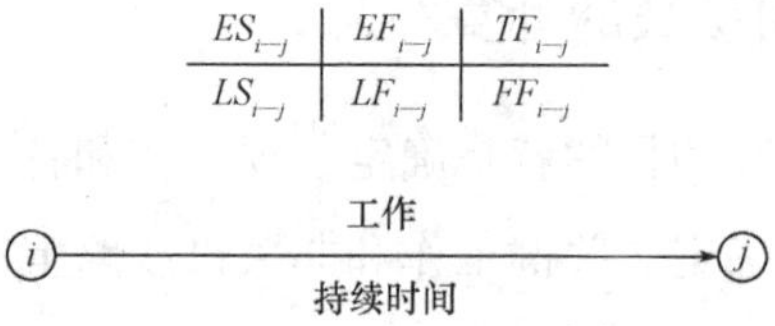

图 3-15　按工作计算法的标注内容

双代号网络图时间参数的计算步骤如下：

（1）最早开始时间和最早完成时间的计算。

工作最早开始时间的计算应从网络计划的起点节点开始顺着箭线方向依次逐项计算。

以起点节点为开始节点的工作最早开始时间为零，即

$$ES_{i-j} = 0 \tag{3-3}$$

其他工作的最早开始时间等于其紧前工作最早完成时间取最大值,即

$$ES_{i-j} = \max[EF_{h-i}] = \max[ES_{h-i} + D_{h-i}] \quad (h < i < j) \tag{3-4}$$

式中 ES_{h-i}——工作 $i-j$ 的各项紧前工作 $h-i$ 的最早开始时间;

D_{h-i}——工作 $i-j$ 的各项紧前工作 $h-i$ 的持续时间;

EF_{h-i}——工作 $i-j$ 的各项紧前工作 $h-i$ 的最早完成时间。

工作最早完成时间等于最早开始时间与其持续时间之和,即

$$EF_{i-j} = ES_{i-j} + D_{i-j} \tag{3-5}$$

(2)最迟完成时间和最迟开始时间的计算。

工作最迟完成时间的计算应从网络计划的终点节点开始逆着箭线方向依次逐项计算。

当未规定要求工期时,取计划工期等于计算工期,即

$$T_p = T_c \tag{3-6}$$

当网络计划终点节点的编号为 n 时,计算工期为

$$T_c = \max[EF_{i-n}] \tag{3-7}$$

以网络计划终点节点为箭头节点的工作,其最迟完成时间等于计划工期,即

$$LF_{i-n} = T_p \tag{3-8}$$

其他工作最迟完成时间等于其紧后工作最迟开始时间取最小值,即

$$LF_{i-j} = \min[LS_{j-k}] = \min[LF_{j-k} - D_{j-k}] \quad (i < j < k) \tag{3-9}$$

式中 LF_{j-k}——工作 $i-j$ 的各项紧后工作 $j-k$ 的最迟完成时间;

D_{j-k}——工作 $i-j$ 的各项紧后工作 $j-k$ 的持续时间;

LS_{j-k}——工作 $i-j$ 的各项紧后工作 $j-k$ 的最迟开始时间。

工作最迟开始时间等于最迟完成时间与其持续时间之差,即

$$LS_{i-j} = LF_{i-j} - D_{i-j} \tag{3-10}$$

(3)总时差和自由时差的计算。

工作总时差等于其最迟开始时间与最早开始时间之差或等于最迟完成时间与最早完成时间之差,即

$$TF_{i-j} = LS_{i-j} - ES_{i-j} \tag{3-11}$$

或

$$TF_{i-j} = LF_{i-j} - EF_{i-j} \tag{3-12}$$

以网络计划的终点节点为箭头节点的工作,其自由时差为

$$FF_{i-n} = T_p - EF_{i-n} \tag{3-13}$$

其他工作的自由时差为

$$FF_{i-j} = ES_{j-k} - EF_{i-j} \quad (i < j < k) \tag{3-14}$$

或

$$FF_{i-j} = ES_{j-k} - ES_{i-j} - D_{i-j} \quad (i < j < k) \tag{3-15}$$

式中 ES_{j-k}——工作 $i-j$ 的紧后工作 $j-k$ 的最早完成时间。

3. 确定关键工作和关键线路

双代号网络计划中总时差最小的工作为关键工作。当网络计划中计划工期等于计算工期时，总时差为零的工作为关键工作，由关键工作组成的线路为关键线路，关键线路总的工作持续时间最长。网络计划中的关键线路可用双线、粗线或彩色线标注。

【例 3-2】根据表 3-3 所示网络计划中各项工作的逻辑关系及持续时间，绘制双代号网络图，若计划工期等于计算工期，按工作计算法计算双代号网络图各项工作的六个时间参数，确定计算工期和关键工作，并标出关键线路。

表 3-3　网络计划中各项工作的逻辑关系及持续时间

工作	紧前工作	紧后工作	持续时间
A	—	B、C、D	3
B	A	E、F	8
C	A	F	3
D	A	G、I	5
E	B	H	3
F	B、C	I	6
G	D	J	2
H	E	—	5
I	D、F	—	5
J	G	—	3

【解】根据表 3-3 中网络计划的有关信息资料，绘制双代号网络图，如图 3-16 所示。

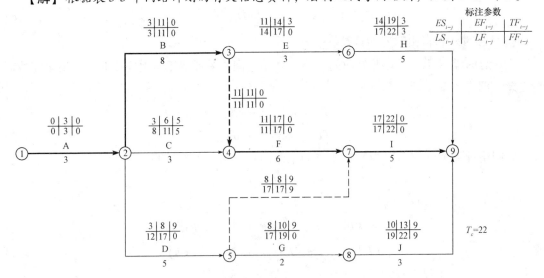

图 3-16　双代号网络图工作计算法示例

1. 网络计划时间参数的计算

(1) 计算工作的最早开始时间。

$ES_{1-2} = 0$ $\quad ES_{2-3} = ES_{1-2} + D_{1-2} = 0 + 3 = 3$ $\quad ES_{2-4} = ES_{1-2} + D_{1-2} = 0 + 3 = 3$

$ES_{2-5} = ES_{1-2} + D_{1-2} = 0 + 3 = 3$ $\quad ES_{3-4} = ES_{2-3} + D_{2-3} = 3 + 8 = 11$

$ES_{3-6} = ES_{2-3} + D_{2-3} = 3 + 8 = 11$ $\quad ES_{5-7} = ES_{2-5} + D_{2-5} = 3 + 5 = 8$

$ES_{4-7} = \max\ [ES_{2-4} + D_{2-4},\ ES_{3-4} + D_{3-4}] = \max\ [3+3,\ 11+0] = \max\ [6,\ 11]$
$\quad = 11$

$ES_{5-8} = ES_{2-5} + D_{2-5} = 3 + 5 = 8$ $\quad ES_{6-9} = ES_{3-6} + D_{3-6} = 11 + 3 = 14$

$ES_{7-9} = \max\ [ES_{4-7} + D_{4-7},\ ES_{5-7} + D_{5-7}] = \max\ [11+6,\ 8+0] = \max\ [17,\ 8]$
$\quad = 17$

$ES_{8-9} = ES_{5-8} + D_{5-8} = 8 + 2 = 10$

(2) 计算工作的最早完成时间。

$EF_{1-2} = ES_{1-2} + D_{1-2} = 0 + 3 = 3$ $\quad EF_{2-3} = ES_{2-3} + D_{2-3} = 3 + 8 = 11$

$EF_{2-4} = ES_{2-4} + D_{2-4} = 3 + 3 = 6$ $\quad EF_{2-5} = ES_{2-5} + D_{2-5} = 3 + 5 = 8$

$EF_{3-4} = ES_{3-4} + D_{3-4} = 11 + 0 = 11$ $\quad EF_{3-6} = ES_{3-6} + D_{3-6} = 11 + 3 = 14$

$EF_{4-7} = ES_{4-7} + D_{4-7} = 11 + 6 = 17$ $\quad EF_{5-7} = ES_{5-7} + D_{5-7} = 8 + 0 = 8$

$EF_{5-8} = ES_{5-8} + D_{5-8} = 8 + 2 = 10$ $\quad EF_{6-9} = ES_{6-9} + D_{6-9} = 14 + 5 = 19$

$EF_{7-9} = ES_{7-9} + D_{7-9} = 17 + 5 = 22$ $\quad EF_{8-9} = ES_{8-9} + D_{8-9} = 10 + 3 = 13$

(3) 计算工作的最迟完成时间。

$LF_{8-9} = T_p = T_c = 22$ $\quad LF_{7-9} = T_p = T_c = 22$ $\quad LF_{6-9} = T_p = T_c = 22$

$LF_{3-6} = LF_{6-9} - D_{6-9} = 22 - 5 = 17$ $\quad LF_{4-7} = LF_{7-9} - D_{7-9} = 22 - 5 = 17$

$LF_{5-7} = LF_{7-9} - D_{7-9} = 22 - 5 = 17$ $\quad LF_{5-8} = LF_{8-9} - D_{8-9} = 22 - 3 = 19$

$LF_{3-4} = LF_{4-7} - D_{4-7} = 17 - 6 = 11$ $\quad LF_{2-4} = LF_{4-7} - D_{4-7} = 17 - 6 = 11$

$LF_{2-3} = \min\ [LF_{3-6} - D_{3-6},\ LF_{3-4} - D_{3-4}] = \min\ [17-3,\ 11-0] = \min\ [14,\ 11]$
$\quad = 11$

$LF_{2-5} = \min\ [LF_{5-7} - D_{5-7},\ LF_{5-8} - D_{5-8}] = \min\ [17-0,\ 19-2] = \min\ [17,\ 17]$
$\quad = 17$

$LF_{1-2} = \min\ [LF_{2-3} - D_{2-3},\ LF_{2-4} - D_{2-4},\ LF_{2-5} - D_{2-5}] = \min\ [11-8,\ 11-3,\ 17-5]$
$\quad = \min\ [3,\ 8,\ 12] = 3$

(4) 计算工作的最迟开始时间。

$LS_{1-2} = LF_{1-2} - D_{1-2} = 3 - 3 = 0$ $\quad LS_{2-3} = LF_{2-3} - D_{2-3} = 11 - 8 = 3$

$LS_{2-4} = LF_{2-4} - D_{2-4} = 11 - 3 = 8$ $\quad LS_{2-5} = LF_{2-5} - D_{2-5} = 17 - 5 = 12$

$LS_{3-4} = LF_{3-4} - D_{3-4} = 11 - 0 = 11$ $\quad LS_{3-6} = LF_{3-6} - D_{3-6} = 17 - 3 = 14$

$LS_{4-7} = LF_{4-7} - D_{4-7} = 17 - 6 = 11$ $\quad LS_{5-7} = LF_{5-7} - D_{5-7} = 17 - 0 = 17$

$LS_{5-8} = LF_{5-8} - D_{5-8} = 19 - 2 = 17$ $\quad LS_{6-9} = LF_{6-9} - D_{6-9} = 22 - 5 = 17$

$$LS_{7-9} = LF_{7-9} - D_{7-9} = 22 - 5 = 17 \qquad LS_{8-9} = LF_{8-9} - D_{8-9} = 22 - 3 = 19$$

(5) 计算工作的总时差。

$$TF_{1-2} = LS_{1-2} - ES_{1-2} = 0 - 0 = 0 \qquad TF_{2-3} = LS_{2-3} - ES_{2-3} = 3 - 3 = 0$$
$$TF_{2-4} = LS_{2-4} - ES_{2-4} = 8 - 3 = 5 \qquad TF_{2-5} = LS_{2-5} - ES_{2-5} = 12 - 3 = 9$$
$$TF_{3-4} = LS_{3-4} - ES_{3-4} = 11 - 11 = 0 \qquad TF_{3-6} = LS_{3-6} - ES_{3-6} = 14 - 11 = 3$$
$$TF_{4-7} = LS_{4-7} - ES_{4-7} = 11 - 11 = 0 \qquad TF_{5-7} = LS_{5-7} - ES_{5-7} = 17 - 8 = 9$$
$$TF_{5-8} = LS_{5-8} - ES_{5-8} = 17 - 8 = 9 \qquad TF_{6-9} = LS_{6-9} - ES_{6-9} = 17 - 14 = 3$$
$$TF_{7-9} = LS_{7-9} - ES_{7-9} = 17 - 17 = 0 \qquad TF_{8-9} = LS_{8-9} - ES_{8-9} = 19 - 10 = 9$$

(6) 计算工作的自由时差。

$$FF_{1-2} = ES_{2-3} - EF_{1-2} = 3 - 3 = 0 \qquad FF_{2-3} = ES_{3-6} - EF_{2-3} = 11 - 11 = 0$$
$$FF_{2-4} = ES_{4-7} - EF_{2-4} = 11 - 6 = 5 \qquad FF_{2-5} = ES_{5-8} - EF_{2-5} = 8 - 8 = 0$$
$$FF_{3-4} = ES_{4-7} - EF_{3-4} = 11 - 11 = 0 \qquad FF_{3-6} = ES_{6-9} - EF_{3-6} = 14 - 14 = 0$$
$$FF_{4-7} = ES_{7-9} - EF_{4-7} = 17 - 17 = 0 \qquad FF_{5-7} = ES_{7-9} - EF_{5-7} = 17 - 8 = 9$$
$$FF_{5-8} = ES_{8-9} - EF_{5-8} = 10 - 10 = 0 \qquad FF_{6-9} = T_p - EF_{6-9} = 22 - 19 = 3$$
$$FF_{7-9} = T_p - EF_{7-9} = 22 - 22 = 0 \qquad FF_{8-9} = T_p - EF_{8-9} = 22 - 13 = 9$$

2. 确定计算工期、关键工作和关键线路

计算工期为 22，如图 3-16 所示，总时差为零的工作为关键工作，关键工作为 A、B、F、I，由关键工作组成的线路是关键线路，关键线路为：①→②→③→④→⑦→⑨。

（二）节点计算法

节点计算法是先计算双代号网络图中各节点的最早时间和最迟时间，然后再计算各项工作时间参数的方法。其计算结果应进行标注，如图 3-17 所示。

图 3-17　按节点计算法的标注内容

1. 网络计划的时间参数

（1）节点最早时间。节点最早时间表示该节点的紧前工作全部完成，从该节点出发的各项工作的最早开始时间，用 ET_i 表示。

（2）节点最迟时间。节点最迟时间表示以该节点为完成节点的各项工作的最迟完成时间，用 LT_i 表示。

其他时间参数的含义与工作计算法相同。

2. 网络计划时间参数的计算

（1）节点最早时间的计算。节点最早时间应从网络计划的起点节点开始，顺着箭线方向依次逐项计算。

网络计划中起点节点如未规定最早时间,其值应等于零,即
$$ET_i = 0 \ (i = 1) \tag{3-16}$$
其他节点的最早时间为
$$ET_j = \max[ET_i + D_{i-j}] \tag{3-17}$$
(2) 网络计划计算工期与计划工期的确定。网络计划的计算工期为
$$T_c = ET_n \tag{3-18}$$
计划工期的确定原则同工作计算法相同。

(3) 节点最迟时间的计算。节点最迟时间应从网络计划的终点节点开始,逆着箭线方向依次逐项计算。

终点节点的最迟时间应按网络计划的计划工期确定,即
$$LT_n = T_p \tag{3-19}$$
其他节点的最迟时间为
$$LT_i = \min[LT_j - D_{i-j}] \tag{3-20}$$
(4) 最早开始时间的计算。
$$ES_{i-j} = ET_i \tag{3-21}$$
(5) 最早完成时间的计算。
$$EF_{i-j} = ET_i + D_{i-j} \tag{3-22}$$
(6) 最迟完成时间的计算。
$$LF_{i-j} = LT_j \tag{3-23}$$
(7) 最迟开始时间的计算。
$$LS_{i-j} = LT_j - D_{i-j} \tag{3-24}$$
(8) 总时差的计算。
$$TF_{i-j} = LT_j - ET_i - D_{i-j} \tag{3-25}$$
(9) 自由时差的计算。
$$FF_{i-j} = ET_j - ET_i - D_{i-j} \tag{3-26}$$

3. 确定关键工作和关键线路

双代号网络计划中总时差最小的工作为关键工作。当网络计划中计划工期等于计算工期时,总时差为零的工作为关键工作,由关键工作组成的线路为关键线路,关键线路总的工作持续时间最长。网络计划中的关键线路可用双线、粗线或彩色线标注。

【例3-3】根据例3-2中网络计划各项工作的逻辑关系及持续时间,绘制双代号网络图,若计划工期等于计算工期,按节点计算法计算各个节点和各项工作的时间参数,确定计算工期和关键工作,并标出关键线路。

【解】根据例3-2中有关信息资料,绘制双代号网络图,如图3-18所示。

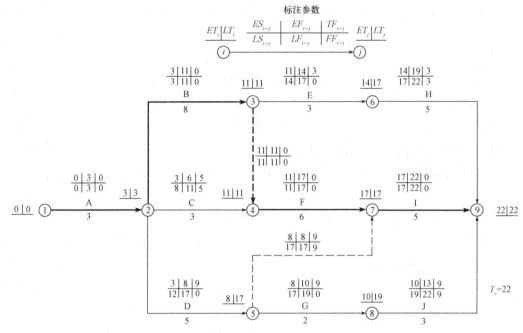

图 3-18 双代号网络图节点计算法示例

1. 网络计划时间参数的计算

（1）计算节点的最早时间：

$ET_1 = 0 \qquad ET_2 = ET_1 + D_{1-2} = 0 + 3 = 3 \qquad ET_3 = ET_2 + D_{2-3} = 3 + 8 = 11$

$ET_4 = \max\left[ET_3 + D_{3-4},\ ET_2 + D_{2-4}\right] = \max\left[11 + 0,\ 3 + 3\right] = \max\left[11,\ 6\right] = 11$

$ET_5 = ET_2 + D_{2-5} = 3 + 5 = 8 \qquad ET_6 = ET_3 + D_{3-6} = 11 + 3 = 14$

$ET_7 = \max\left[ET_4 + D_{4-7},\ ET_5 + D_{5-7}\right] = \max\left[11 + 6,\ 8 + 0\right] = \max\left[17,\ 8\right] = 17$

$ET_8 = ET_5 + D_{5-8} = 8 + 2 = 10$

$ET_9 = \max\left[ET_6 + D_{6-9},\ ET_7 + D_{7-9},\ ET_8 + D_{8-9}\right] = \max\left[14 + 5,\ 17 + 5,\ 10 + 3\right]$

$\qquad = \max\left[19,\ 22,\ 13\right] = 22$

网络计划的计算工期为 $T_c = ET_9 = 22$

（2）计算节点的最迟时间：

网络计划的计划工期等于计算工期，即 $T_p = T_c = 22$

$LT_9 = T_p = 22 \qquad LT_8 = LT_9 - D_{8-9} = 22 - 3 = 19$

$LT_7 = LT_9 - D_{7-9} = 22 - 5 = 17 \qquad LT_6 = LT_9 - D_{6-9} = 22 - 5 = 17$

$LT_5 = \min\left[LT_7 - D_{5-7},\ LT_8 - D_{5-8}\right] = \min\left[17 - 0,\ 19 - 2\right] = \min\left[17,\ 17\right] = 17$

$LT_4 = LT_7 - D_{4-7} = 17 - 6 = 11$

$LT_3 = \min\left[LT_4 - D_{3-4},\ LT_6 - D_{3-6}\right] = \min\left[11 - 0,\ 17 - 3\right] = \min\left[11,\ 14\right] = 11$

$LT_2 = \min\left[LT_3 - D_{2-3},\ LT_4 - D_{2-4},\ LT_5 - D_{2-5}\right] = \min\left[11 - 8,\ 11 - 3,\ 17 - 5\right]$

$\qquad = \min\left[3,\ 8,\ 12\right] = 3$

$LT_1 = LT_2 - D_{1-2} = 3 - 3 = 0$

(3) 计算工作的最早开始时间：

$ES_{1-2} = ET_1 = 0$ $ES_{2-3} = ET_2 = 3$ $ES_{2-4} = ET_2 = 3$

$ES_{2-5} = ET_2 = 3$ $ES_{3-4} = ET_3 = 11$ $ES_{3-6} = ET_3 = 11$

$ES_{4-7} = ET_4 = 11$ $ES_{5-7} = ET_5 = 8$ $ES_{5-8} = ET_5 = 8$

$ES_{6-9} = ET_6 = 14$ $ES_{7-9} = ET_7 = 17$ $ES_{8-9} = ET_8 = 10$

(4) 计算工作的最早完成时间：

$EF_{1-2} = ET_1 + D_{1-2} = 0 + 3 = 3$ $EF_{2-3} = ET_2 + D_{2-3} = 3 + 8 = 11$

$EF_{2-4} = ET_2 + D_{2-4} = 3 + 3 = 6$ $EF_{2-5} = ET_2 + D_{2-5} = 3 + 5 = 8$

$EF_{3-4} = ET_3 + D_{3-4} = 11 + 0 = 11$ $EF_{3-6} = ET_3 + D_{3-6} = 11 + 3 = 14$

$EF_{4-7} = ET_4 + D_{4-7} = 11 + 6 = 17$ $EF_{5-7} = ET_5 + D_{5-7} = 8 + 0 = 8$

$EF_{5-8} = ET_5 + D_{5-8} = 8 + 2 = 10$ $EF_{6-9} = ET_6 + D_{6-9} = 14 + 5 = 19$

$EF_{7-9} = ET_7 + D_{7-9} = 17 + 5 = 22$ $EF_{8-9} = ET_8 + D_{8-9} = 10 + 3 = 13$

(5) 计算工作的最迟完成时间：

$LF_{1-2} = LT_2 = 3$ $LF_{2-3} = LT_3 = 11$ $LF_{2-4} = LT_4 = 11$

$LF_{2-5} = LT_5 = 17$ $LF_{3-4} = LT_4 = 11$ $LF_{3-6} = LT_6 = 17$

$LF_{4-7} = LT_7 = 17$ $LF_{5-7} = LT_7 = 17$ $LF_{5-8} = LT_8 = 19$

$LF_{6-9} = LT_9 = 22$ $LF_{7-9} = LT_9 = 22$ $LF_{8-9} = LT_9 = 22$

(6) 计算工作的最迟开始时间：

$LS_{1-2} = LT_2 - D_{1-2} = 3 - 3 = 0$ $LS_{2-3} = LT_3 - D_{2-3} = 11 - 8 = 3$

$LS_{2-4} = LT_4 - D_{2-4} = 11 - 3 = 8$ $LS_{2-5} = LT_5 - D_{2-5} = 17 - 5 = 12$

$LS_{3-4} = LT_4 - D_{3-4} = 11 - 0 = 11$ $LS_{3-6} = LT_6 - D_{3-6} = 17 - 3 = 14$

$LS_{4-7} = LT_7 - D_{4-7} = 17 - 6 = 11$ $LS_{5-7} = LT_7 - D_{5-7} = 17 - 0 = 17$

$LS_{5-8} = LT_8 - D_{5-8} = 19 - 2 = 17$ $LS_{6-9} = LT_9 - D_{6-9} = 22 - 5 = 17$

$LS_{7-9} = LT_9 - D_{7-9} = 22 - 5 = 17$ $LS_{8-9} = LT_9 - D_{8-9} = 22 - 3 = 19$

(7) 计算工作的总时差：

$TF_{1-2} = LT_2 - ET_1 - D_{1-2} = 3 - 0 - 3 = 0$ $TF_{2-3} = LT_3 - ET_2 - D_{2-3} = 11 - 3 - 8 = 0$

$TF_{2-4} = LT_4 - ET_2 - D_{2-4} = 11 - 3 - 3 = 5$ $TF_{2-5} = LT_5 - ET_2 - D_{2-5} = 17 - 3 - 5 = 9$

$TF_{3-4} = LT_4 - ET_3 - D_{3-4} = 11 - 11 - 0 = 0$ $TF_{3-6} = LT_6 - ET_3 - D_{3-6} = 17 - 11 - 3 = 3$

$TF_{4-7} = LT_7 - ET_4 - D_{4-7} = 17 - 11 - 6 = 0$ $TF_{5-7} = LT_7 - ET_5 - D_{5-7} = 17 - 8 - 0 = 9$

$TF_{5-8} = LT_8 - ET_5 - D_{5-8} = 19 - 8 - 2 = 9$ $TF_{6-9} = LT_9 - ET_6 - D_{6-9} = 22 - 14 - 5 = 3$

$TF_{7-9} = LT_9 - ET_7 - D_{7-9} = 22 - 17 - 5 = 0$ $TF_{8-9} = LT_9 - ET_8 - D_{8-9} = 22 - 10 - 3 = 9$

(8) 计算工作的自由时差：

$FF_{1-2} = ET_2 - ET_1 - D_{1-2} = 3 - 0 - 3 = 0$ $FF_{2-3} = ET_3 - ET_2 - D_{2-3} = 11 - 3 - 8 = 0$

$FF_{2-4} = ET_4 - ET_2 - D_{2-4} = 11 - 3 - 3 = 5$ $FF_{2-5} = ET_5 - ET_2 - D_{2-5} = 8 - 3 - 5 = 0$

$FF_{3-4} = ET_4 - ET_3 - D_{3-4} = 11 - 11 - 0 = 0$ $FF_{3-6} = ET_6 - ET_3 - D_{3-6} = 14 - 11 - 3 = 0$

$FF_{4-7} = ET_7 - ET_4 - D_{4-7} = 17 - 11 - 6 = 0$ $FF_{5-7} = ET_7 - ET_5 - D_{5-7} = 17 - 8 - 0 = 9$

$FF_{5-8} = ET_8 - ET_5 - D_{5-8} = 10 - 8 - 2 = 0$ $FF_{6-9} = ET_9 - ET_6 - D_{6-9} = 22 - 14 - 5 = 3$

$FF_{7-9} = ET_9 - ET_7 - D_{7-9} = 22 - 17 - 5 = 0$ $FF_{8-9} = ET_9 - ET_8 - D_{8-9} = 22 - 10 - 3 = 9$

2. 确定计算工期、关键工作和关键线路

计算工期为22，如图3-18所示，总时差为零的工作为关键工作，关键工作为A、B、F、I，由关键工作组成的线路是关键线路，关键线路为：①→②→③→④→⑦→⑨。

四、标号法确定关键线路和计算工期

在双代号网络计划中，标号法是一种快速确定关键线路和计算工期的方法，它是以节点计算法为基础，对网络计划中每一个节点进行标号，每一个节点采用双标号进行标注，源节点号为第一标号，标号值为第二标号。

标号法确定关键线路和计算工期的步骤如下：

（1）网络计划起点节点的标号值为零，即

$$b_1 = 0 \qquad (3-27)$$

（2）其他节点的标号值等于以该节点为完成节点的各项工作的开始节点标号值与其持续时间之和的最大值，即

$$b_j = \max\left[b_i + D_{i-j}\right] \qquad (3-28)$$

式中　　b_j——工作$i-j$的完成节点j的标号值；

　　　　b_i——工作$i-j$的开始节点i的标号值；

　　　　D_{i-j}——工作$i-j$的持续时间。

（3）终点节点的标号值为计算工期。

（4）从终点节点出发，逆着箭线方向跟踪源节点号的线路为关键线路。

【例3-4】如图3-19所示双代号网络计划，试用标号法确定关键线路和计算工期。

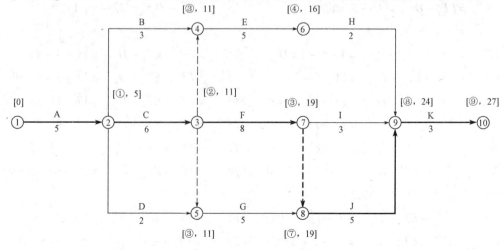

图3-19　双代号网络计划（标号法）

【解】(1) 网络计划中起点节点的标号值为零,即

$$b_1 = 0$$

(2) 其他节点的标号值按节点编号从小到大的顺序依次进行计算。

$b_2 = b_1 + D_{1-2} = 0 + 5 = 5$ $\quad\quad b_3 = b_2 + D_{2-3} = 5 + 6 = 11$

$b_4 = \max [b_2 + D_{2-4}, b_3 + D_{3-4}] = \max [5+3, 11+0] = \max [8, 11] = 11$

$b_5 = \max [b_2 + D_{2-5}, b_3 + D_{3-5}] = \max [5+2, 11+0] = \max [7, 11] = 11$

$b_6 = b_4 + D_{4-6} = 11 + 5 = 16$ $\quad\quad b_7 = b_3 + D_{3-7} = 11 + 8 = 19$

$b_8 = \max [b_5 + D_{5-8}, b_7 + D_{7-8}] = \max [11+5, 19+0] = \max [16, 19] = 19$

$b_9 = \max [b_6 + D_{6-9}, b_7 + D_{7-9}, b_8 + D_{8-9}] = \max [16+2, 19+3, 19+5]$

$\quad\quad = \max [18, 22, 24] = 24$

$b_{10} = b_9 + D_{9-10} = 24 + 3 = 27$

网络计划的计算工期就是终点节点的标号值,在本例中,计算工期就是终点节点⑩的标号值27,从终点节点⑩开始逆着箭线方向跟踪源节点号就可以确定关键线路,本例中关键线路为:①→②→③→⑦→⑧→⑨→⑩。

第二节 单代号网络计划

一、单代号网络图的基本概念

单代号网络图是网络计划的另一种表示方法,它是用节点及其编号表示工作的一种网络计划,如图3-20所示。单代号网络图与双代号网络图相比具有以下特点:工作之间的逻辑关系表达容易,且不用虚箭线,网络图便于检查修改;由于用节点表示工作,没有长度概念,不够形象直观,箭线出现纵横交叉的现象比较普遍。

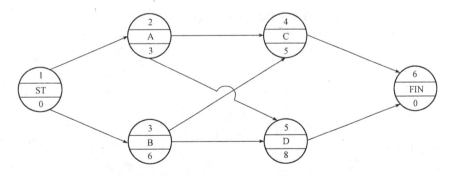

图3-20 单代号网络图

构成单代号网络图的三要素为箭线、节点和线路。

1. 箭线

单代号网络图中，箭线表示紧邻工作之间的逻辑关系。箭线可画成水平直线、折线或斜线，箭线水平投影的方向应自左向右，表示工作的进行方向。它既不消耗时间，又不消耗资源。

2. 节点

单代号网络图中的每一个节点表示一项工作。节点宜用圆圈或矩形表示，工作名称、工作代号和持续时间都标注在节点内，如图3-21所示。

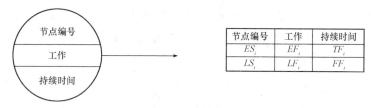

图 3-21　单代号网络图工作的表示方法

单代号网络图的节点必须编号，节点编号顺序由小到大，可以连续编号，也可以间断编号，严禁重复。箭线的箭尾节点编号应小于箭头节点编号。一项工作必须有唯一的一个节点和唯一的一个编号。

3. 线路

单代号网络图中从起点节点开始，沿着箭头方向顺序通过一系列的箭线与节点，最终到达终点节点的通路称为线路。单代号网络图中，各条线路应用该线路上的节点编号自小到大依次表述。

二、单代号网络图的绘制规则

（1）单代号网络图必须正确表示各项工作之间的逻辑关系。

单代号网络图常见的逻辑关系及表示方法见表3-4。

表 3-4　单代号网络图常见的逻辑关系及表示方法

序号	工作之间的逻辑关系	单代号网络图的表示方法
1	A 完成后进行 B，B 完成后进行 C	A → B → C
2	A、B、C 同时开始	ST → A, B, C

续表

序号	工作之间的逻辑关系	单代号网络图的表示方法
3	A、B、C 同时结束	
4	A 完成后进行 B 和 C	
5	A、B 均完成后进行 C	
6	A、B 均完成后进行 C 和 D	
7	A 完成后进行 C，A、B 均完成后进行 D	
8	A 完成后进行 C，B 完成后进行 E，A、B 均完成后进行 D	
9	A、B 均完成后进行 D，B、C 均完成后进行 E	
10	A、B、C 均完成后进行 D，B、C 均完成后进行 E	

续表

序号	工作之间的逻辑关系	单代号网络图的表示方法
11	A、B 两项工作分三个施工段流水施工，A_1 完成后进行 A_2、B_1，A_2 完成后进行 A_3、B_2，A_2、B_1 均完成后进行 B_2，A_3、B_2 均完成后进行 B_3	

(2) 单代号网络图中严禁出现循环回路。

(3) 单代号网络图中，严禁在节点之间出现双向箭头或无箭头的连线。

(4) 单代号网络图中，严禁出现没有箭头节点或箭尾节点的箭线。

(5) 单代号网络图中，只允许有一个起点节点和一个终点节点，如出现多个起点节点或多个终点节点，应在单代号网络图的两端分别设置一项虚拟工作，作为该网络图的起点节点和终点节点。

(6) 绘制单代号网络图时，箭线不宜交叉，当交叉不可避免时，可用过桥法或指向法表示。

三、单代号网络图时间参数的计算

单代号网络图与双代号网络图只是表现形式不同，它们所表达的内容完全一样。其标注形式如图 3-22 所示。

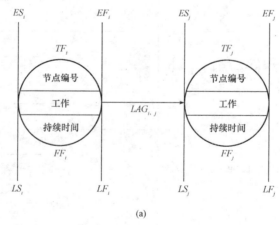

图 3-22 单代号网络图时间参数的标注形式

单代号网络图时间参数的计算步骤如下：

(1) 最早开始时间和最早完成时间的计算。

工作最早开始时间应从网络图的起点节点开始顺着箭线方向依次逐项计算。

当起点节点为开始节点的工作最早开始时间无规定时，取值为零，即

$$ES_i = 0 \quad (i=1) \tag{3-29}$$

其他工作的最早开始时间等于该工作各项紧前工作最早完成时间的最大值，即

$$ES_j = \max[EF_i] \quad (i<j) \tag{3-30}$$

或

$$ES_j = \max[ES_i + D_i] \tag{3-31}$$

工作最早完成时间等于最早开始时间与持续时间之和，即

$$EF_i = ES_i + D_i \tag{3-32}$$

(2) 确定计算工期和计划工期。

计算工期等于网络计划的终点节点的最早完成时间，即

$$T_c = EF_n \tag{3-33}$$

单代号网络计划的计划工期与双代号网络计划的计划工期的确定原则相同。

(3) 相邻两项工作之间间隔时间的计算。

相邻两项工作之间的间隔时间等于紧后工作的最早开始时间与本工作的最早完成时间的差值，即

$$LAG_{i,j} = ES_j - EF_i \tag{3-34}$$

(4) 总时差和自由时差的计算。

工作总时差应从网络计划的终点节点开始，逆着箭线方向依次逐项计算。终点节点的总时差 TF_n，若计划工期等于计算工期，则

$$TF_n = 0 \tag{3-35}$$

其他工作的总时差等于该工作的各项紧后工作的总时差与该工作与其紧后工作之间的间隔时间之和的最小值，即

$$TF_i = \min[TF_j + LAG_{i,j}] \tag{3-36}$$

该工作若无紧后工作，其自由时差等于计划工期与该工作的最早完成时间之差，即

$$FF_n = T_p - EF_n \tag{3-37}$$

该工作若有紧后工作，其自由时差等于该工作与其紧后工作之间间隔时间的最小值，即

$$FF_i = \min[LAG_{i,j}] \tag{3-38}$$

(5) 最迟完成时间和最迟开始时间的计算。

工作最迟完成时间等于该工作最早完成时间与其总时差之和，即

$$LF_i = EF_i + TF_i \tag{3-39}$$

工作最迟开始时间等于该工作最早开始时间与其总时差之和，即

$$LS_i = ES_i + TF_i \tag{3-40}$$

四、确定关键工作和关键线路

单代号网络计划中总时差最小的工作为关键工作。关键线路是从起点节点开始到终点节点结束均为关键工作,且所有工作的间隔时间均为零的线路。

【例3-5】已知单代号网络计划如图3-23所示,若计划工期等于计算工期,试计算该单代号网络计划各项工作的六个时间参数,确定计算工期和关键工作,并标出关键线路。

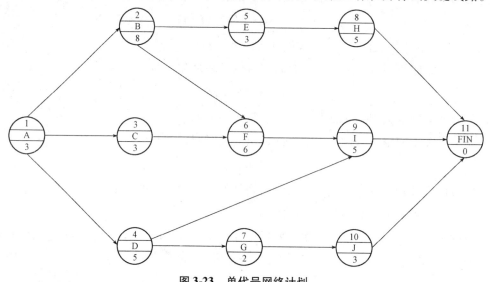

图3-23 单代号网络计划

【解】计算结果如图3-24所示,计算步骤及方法如下:

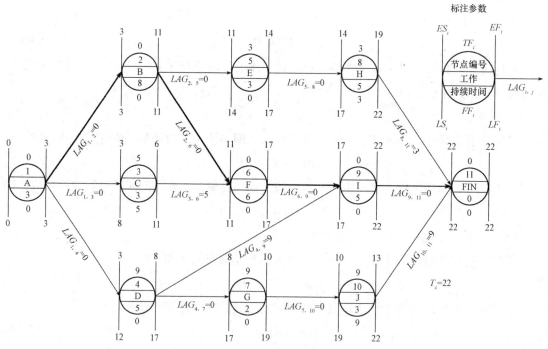

图3-24 单代号网络计划计算结果

(1) 计算工作的最早开始时间。

$ES_1 = 0$
$ES_2 = ES_1 + D_1 = 0 + 3 = 3$
$ES_3 = ES_1 + D_1 = 0 + 3 = 3$
$ES_4 = ES_1 + D_1 = 0 + 3 = 3$
$ES_5 = ES_2 + D_2 = 3 + 8 = 11$
$ES_6 = \max [ES_2 + D_2, ES_3 + D_3] = \max [3+8, 3+3] = \max [11, 6] = 11$
$ES_7 = ES_4 + D_4 = 3 + 5 = 8$
$ES_8 = ES_5 + D_5 = 11 + 3 = 14$
$ES_9 = \max [ES_4 + D_4, ES_6 + D_6] = \max [3+5, 11+6] = \max [8, 17] = 17$
$ES_{10} = ES_7 + D_7 = 8 + 2 = 10$
$ES_{11} = \max [ES_8 + D_8, ES_9 + D_9, ES_{10} + D_{10}] = \max [14+5, 17+5, 10+3]$
$\quad = \max [19, 22, 13] = 22$

(2) 计算工作的最早完成时间。

$EF_1 = ES_1 + D_1 = 0 + 3 = 3$
$EF_2 = ES_2 + D_2 = 3 + 8 = 11$
$EF_3 = ES_3 + D_3 = 3 + 3 = 6$
$EF_4 = ES_4 + D_4 = 3 + 5 = 8$
$EF_5 = ES_5 + D_5 = 11 + 3 = 14$
$EF_6 = ES_6 + D_6 = 11 + 6 = 17$
$EF_7 = ES_7 + D_7 = 8 + 2 = 10$
$EF_8 = ES_8 + D_8 = 14 + 5 = 19$
$EF_9 = ES_9 + D_9 = 17 + 5 = 22$
$EF_{10} = ES_{10} + D_{10} = 10 + 3 = 13$
$EF_{11} = ES_{11} + D_{11} = 22 + 0 = 22$

(3) 计算网络计划的计算工期。

$$T_c = EF_{11} = 22$$

(4) 计算相邻两项工作之间的间隔时间。

$LAG_{1,2} = ES_2 - EF_1 = 3 - 3 = 0$
$LAG_{1,3} = ES_3 - EF_1 = 3 - 3 = 0$
$LAG_{1,4} = ES_4 - EF_1 = 3 - 3 = 0$
$LAG_{2,5} = ES_5 - EF_2 = 11 - 11 = 0$
$LAG_{2,6} = ES_6 - EF_2 = 11 - 11 = 0$
$LAG_{3,6} = ES_6 - EF_3 = 11 - 6 = 5$
$LAG_{4,7} = ES_7 - EF_4 = 8 - 8 = 0$
$LAG_{4,9} = ES_9 - EF_4 = 17 - 8 = 9$
$LAG_{5,8} = ES_8 - EF_5 = 14 - 14 = 0$
$LAG_{6,9} = ES_9 - EF_6 = 17 - 17 = 0$
$LAG_{7,10} = ES_{10} - EF_7 = 10 - 10 = 0$
$LAG_{8,11} = ES_{11} - EF_8 = 22 - 19 = 3$
$LAG_{9,11} = ES_{11} - EF_9 = 22 - 22 = 0$
$LAG_{10,11} = ES_{11} - EF_{10} = 22 - 13 = 9$

(5) 计算工作的总时差。

$TF_{11} = 0$
$TF_{10} = TF_{11} + LAG_{10,11} = 0 + 9 = 9$
$TF_9 = TF_{11} + LAG_{9,11} = 0 + 0 = 0$
$TF_8 = TF_{11} + LAG_{8,11} = 0 + 3 = 3$
$TF_7 = TF_{10} + LAG_{7,10} = 9 + 0 = 9$
$TF_6 = TF_9 + LAG_{6,9} = 0 + 0 = 0$
$TF_5 = TF_8 + LAG_{5,8} = 3 + 0 = 3$
$TF_4 = \min [TF_7 + LAG_{4,7}, TF_9 + LAG_{4,9}] = \min [9+0, 0+9] = \min [9, 9] = 9$
$TF_3 = TF_6 + LAG_{3,6} = 0 + 5 = 5$

$TF_2 = \min [TF_5 + LAG_{2,5}, TF_6 + LAG_{2,6}] = \min [3+0, 0+0] = \min [3, 0] = 0$

$TF_1 = \min [TF_2 + LAG_{1,2}, TF_3 + LAG_{1,3}, TF_4 + LAG_{1,4}] = \min [0+0, 5+0, 9+0]$
$= \min [0, 5, 9] = 0$

(6) 计算工作的自由时差。

$FF_{11} = T_p - EF_{11} = 22 - 22 = 0$ $FF_{10} = LAG_{10,11} = 9$

$FF_9 = LAG_{9,11} = 0$ $FF_8 = LAG_{8,11} = 3$

$FF_7 = LAG_{7,10} = 0$ $FF_6 = LAG_{6,9} = 0$

$FF_5 = LAG_{5,8} = 0$ $FF_4 = \min [LAG_{4,7}, LAG_{4,9}] = \min [0, 9] = 0$

$FF_3 = LAG_{3,6} = 5$ $FF_2 = \min [LAG_{2,5}, LAG_{2,6}] = \min [0, 0] = 0$

$FF_1 = \min [LAG_{1,2}, LAG_{1,3}, LAG_{1,4}] = \min [0, 0, 0] = 0$

(7) 计算工作的最迟完成时间。

$LF_1 = EF_1 + TF_1 = 3 + 0 = 3$ $LF_2 = EF_2 + TF_2 = 11 + 0 = 11$

$LF_3 = EF_3 + TF_3 = 6 + 5 = 11$ $LF_4 = EF_4 + TF_4 = 8 + 9 = 17$

$LF_5 = EF_5 + TF_5 = 14 + 3 = 17$ $LF_6 = EF_6 + TF_6 = 17 + 0 = 17$

$LF_7 = EF_7 + TF_7 = 10 + 9 = 19$ $LF_8 = EF_8 + TF_8 = 19 + 3 = 22$

$LF_9 = EF_9 + TF_9 = 22 + 0 = 22$ $LF_{10} = EF_{10} + TF_{10} = 13 + 9 = 22$

$LF_{11} = EF_{11} + TF_{11} = 22 + 0 = 22$

(8) 计算工作的最迟开始时间。

$LS_1 = ES_1 + TF_1 = 0 + 0 = 0$ $LS_2 = ES_2 + TF_2 = 3 + 0 = 3$

$LS_3 = ES_3 + TF_3 = 3 + 5 = 8$ $LS_4 = ES_4 + TF_4 = 3 + 9 = 12$

$LS_5 = ES_5 + TF_5 = 11 + 3 = 14$ $LS_6 = ES_6 + TF_6 = 11 + 0 = 11$

$LS_7 = ES_7 + TF_7 = 8 + 9 = 17$ $LS_8 = ES_8 + TF_8 = 14 + 3 = 17$

$LS_9 = ES_9 + TF_9 = 17 + 0 = 17$ $LS_{10} = ES_{10} + TF_{10} = 10 + 9 = 19$

$LS_{11} = ES_{11} + TF_{11} = 22 + 0 = 22$

根据计算结果可知，计算工期为22，总时差为零的工作为关键工作，关键工作为A、B、F、I，由关键工作组成的线路为关键线路，即①→②→⑥→⑨为关键线路，关键线路上所有工作的间隔时间为零，由于节点⑪为虚拟节点，所以关键线路上可以不考虑。

第三节　双代号时标网络计划

双代号时标网络计划是以水平时间坐标为尺度表示工作时间，它综合运用了横道图和网络计划的原理，表达形式直观，逻辑关系清楚。时标的时间单位根据需要在编制网络计划前确定，可为小时、日、周、旬、月、季度等。

在时标网络计划中，实箭线表示工作，实箭线在坐标轴上的水平投影长度表示该项工作的持续时间；虚箭线表示虚工作，由于虚箭线的持续时间为零，所以虚箭线只能垂直画；波形线表示工作的自由时差。

一、双代号时标网络计划的绘制

双代号时标网络计划（以下简称时标网络计划）宜按最早时间绘制，绘制时应以一般网络计划为依据，在横道图进度表上进行，时间坐标可标注在时标计划表的上部或下部，同时加注日历时间，见表3-5。

表3-5 时标计划表

日历													
（时间单位）	1	2	3	4	5	6	7	8	9	10	11	12	13	…
网络计划													
（时间单位）	1	2	3	4	5	6	7	8	9	10	11	12	13	…

时标网络计划的绘制方法有间接绘制法和直接绘制法。

1. 间接绘制法

间接绘制法是先绘制无时标网络计划草图，计算时间参数并确定关键线路，然后再绘制时标网络计划。绘制时先绘出关键线路，再绘制非关键工作，当工作箭线长度不足以达到该工作的完成节点时，用波形线补足，箭头画在与该工作完成节点的连接处。

2. 直接绘制法

直接绘制法是不计算网络计划的时间参数，直接按无时标网络计划草图在时标计划表上绘制。其具体绘制步骤如下：

（1）将网络计划的起点节点定位在时标计划表的起始刻度线上。

（2）在起始刻度线上按工作的持续时间在时标计划表上绘制起点节点的外向箭线。

（3）除起点节点以外的其他节点位置必须在其所有内向箭线绘出以后，定位在这些箭线中最早完成时间最迟的箭线末端，其他内向箭线长度不足以达到该节点时，则用波形线补足，箭头画在波形线与节点的连接处。

（4）用上述方法，从左至右依次确定其他节点的位置，直至终点节点确定为止。

【例3-6】已知网络计划如图3-25所示，试用直接绘制法绘出双代号时标网络计划。

【解】将起点节点①绘制在时标计划表的起始刻度线上，按工作的持续时间绘制节点①的外向箭线①→②、①→③、①→④，由于$D_{1-2}=6$，且节点②只有一项紧前工作，所以节点②定位在6刻度线上。$D_{1-3}=3$，且节点③只有一项紧前工作，同理，节点③定位在3刻度线上。$D_{3-4}=0$、$D_{1-4}=5$，节点④有两项紧前工作，$D_{1-3}=3$、$D_{1-4}=5$，取最大的持续时间定位节点④的位置，所以节点④定位在5刻度线上，③→④工作为虚工作，持续时间为

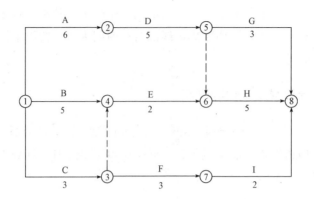

图 3-25 双代号网络计划

零，表示方法如图 3-26 所示。同理定位⑤、⑥、⑦、⑧节点的位置，时标网络计划绘制完毕，如图 3-26 所示。

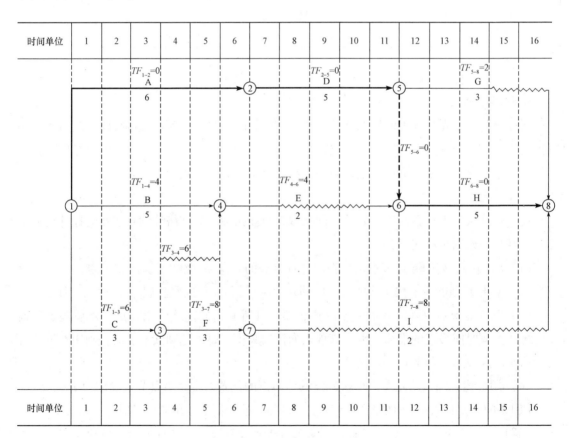

图 3-26 双代号时标网络计划

二、双代号时标网络计划关键线路和计算工期的确定

从终点节点出发，逆着箭线方向向着起点节点前进，从始至终不出现波形线的线路为关键线路。如例 3-6 中，如图 3-26 所示，①→②→⑤→⑥→⑧为关键线路。

时标网络计划的计算工期为终点节点与起点节点所在位置的时标值之差。如例 3-6 中的计算工期为 16。

三、双代号时标网络计划时间参数的计算

1. 最早开始时间和最早完成时间

工作最早开始时间为每条箭线箭尾所对应的时标值。如例 3-6 中工作 B 最早开始时间的时标值为零，工作 I 最早开始时间的时标值为 6，其他工作的最早开始时间以此类推。工作最早完成时间为每条箭线箭头所对应的时标值。如例 3-6 中工作 A 最早完成时间的时标值为 6，工作 E 最早完成时间的时标值为 7，其他工作的最早完成时间以此类推。

2. 总时差和自由时差

时标网络计划中，工作总时差的计算应从右向左进行，即本工作的总时差等于其紧后工作总时差的最小值与本工作自由时差之和

$$TF_{i-j} = \min [TF_{j-k}] + FF_{i-j} \quad (i<j<k) \tag{3-41}$$

如例 3-6 中各项工作总时差的计算如下：

$TF_{5-8} = 0 + FF_{5-8} = 0 + 2 = 2$ $TF_{6-8} = 0 + FF_{6-8} = 0 + 0 = 0$

$TF_{7-8} = 0 + FF_{7-8} = 0 + 8 = 8$ $TF_{5-6} = TF_{6-8} + FF_{5-6} = 0 + 0 = 0$

$TF_{4-6} = TF_{6-8} + FF_{4-6} = 0 + 4 = 4$ $TF_{3-7} = TF_{7-8} + FF_{3-7} = 8 + 0 = 8$

$TF_{3-4} = TF_{4-6} + FF_{3-4} = 4 + 2 = 6$

$TF_{2-5} = \min [TF_{5-6}, TF_{5-8}] + FF_{2-5} = \min [0, 2] + 0 = 0 + 0 = 0$

$TF_{1-4} = TF_{4-6} + FF_{1-4} = 4 + 0 = 4$

$TF_{1-3} = \min [TF_{3-4}, TF_{3-7}] + FF_{1-3} = \min [6, 8] + 0 = 6 + 0 = 6$

$TF_{1-2} = TF_{2-5} + FF_{1-2} = 0 + 0 = 0$

时标网络计划中，工作的自由时差为工作箭线中波形线部分在坐标轴上的水平投影长度。如例 3-6 中工作 A 的自由时差为零，工作 E 的自由时差为 4，工作 I 的自由时差为 8，其他工作的自由时差以此类推。

3. 最迟开始时间和最迟完成时间

工作最迟开始时间应按下式计算：

$$LS_{i-j} = ES_{i-j} + TF_{i-j} \tag{3-42}$$

如例 3-6 中工作 A、E、I 的最迟开始时间分别为：

$LS_{1-2} = ES_{1-2} + TF_{1-2} = 0 + 0 = 0$ $LS_{4-6} = ES_{4-6} + TF_{4-6} = 5 + 4 = 9$

$LS_{7-8} = ES_{7-8} + TF_{7-8} = 6 + 8 = 14$

其他工作最迟开始时间的计算以此类推。

工作最迟完成时间应按下列公式计算：

$$LF_{i-j} = EF_{i-j} + TF_{i-j} \qquad (3\text{-}43)$$

或

$$LF_{i-j} = LS_{i-j} + D_{i-j} \qquad (3\text{-}44)$$

如例 3-6 中工作 A、E、I 的最迟完成时间分别为：

$LF_{1-2} = EF_{1-2} + TF_{1-2} = 6 + 0 = 6$ $\qquad LF_{4-6} = EF_{4-6} + TF_{4-6} = 7 + 4 = 11$

$LF_{7-8} = EF_{7-8} + TF_{7-8} = 8 + 8 = 16$

其他工作最迟完成时间的计算以此类推。

第四节 单代号搭接网络计划

单代号搭接网络计划中每一个节点表示一项工作，而箭线及其上面的时距符号表示相邻工作之间的逻辑关系。在前面所述的网络计划中，各项工作之间仅表示一种连接关系，即只有任何一项工作的紧前工作全部完成以后，本工作才能开始。但在实际工程建设中，为了缩短工期，许多工作可以采用平行搭接的方式进行，即紧前工作开始一段时间后，本工作就可以进行，工作之间的这种关系称为搭接关系。

单代号搭接网络计划的各种搭接关系如下。

一、开始到开始的搭接关系

工作 i 开始时间和紧后工作 j 开始时间的时间间距，用 $STS_{i,j}$ 表示，如图 3-27 所示。

二、结束到开始的搭接关系

工作 i 结束时间和紧后工作 j 开始时间的时间间距，用 $FTS_{i,j}$ 表示，如图 3-28 所示。

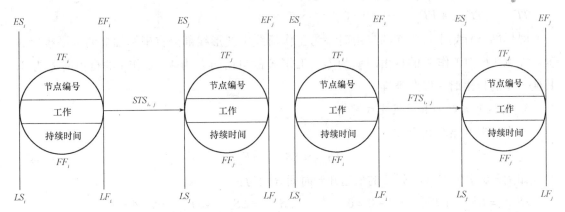

图 3-27 开始到开始搭接关系表示方法　　图 3-28 结束到开始搭接关系表示方法

三、开始到结束的搭接关系

工作 i 开始时间和紧后工作 j 结束时间的时间间距,用 $STF_{i,j}$ 表示,如图 3-29 所示。

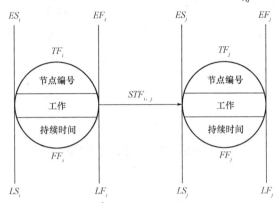

图 3-29　开始到结束搭接关系表示方法

四、结束到结束的搭接关系

工作 i 结束时间和紧后工作 j 结束时间的时间间距,用 $FTF_{i,j}$ 表示,如图 3-30 所示。

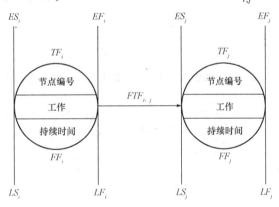

图 3-30　结束到结束搭接关系表示方法

五、混合搭接关系

在搭接网络计划中,除以上四种搭接关系外,相邻两项工作还会出现两种搭接关系,称为混合搭接关系。例如相邻工作之间的混合搭接关系的时间间距有 $STS_{i,j}$ 和 $FTF_{i,j}$（图 3-31）以及 $STF_{i,j}$ 和 $FTS_{i,j}$（图 3-32）等。

图 3-33 所示为单代号搭接网络计划,其时间参数的计算与单代号网络计算时间参数的计算原理基本相同。

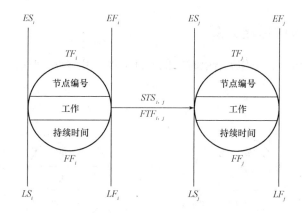

图 3-31 开始到开始、结束到结束混合搭接关系表示方法

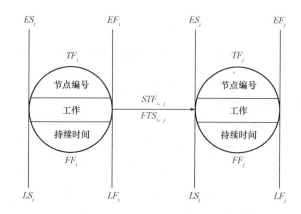

图 3-32 开始到结束、结束到开始混合搭接关系表示方法

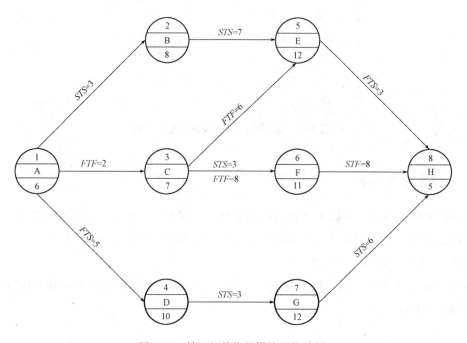

图 3-33 某工程单代号搭接网络计划

第五节　网络计划的优化

网络计划的优化，就是在满足既定约束条件下，按选定的目标，通过不断改善网络计划，以寻求满意方案的过程。网络计划的优化目标，应按计划任务的需要和条件选定，包括工期目标、费用目标和资源目标。网络计划优化根据目标的不同可分为工期优化、工期—费用优化和资源优化。

一、工期优化

工期优化又称为时间优化，是指当网络计划的计算工期大于要求工期时，在不改变网络计划中各项工作逻辑关系的前提下，通过压缩关键工作的持续时间，以满足要求工期的过程。

在选择压缩关键工作的持续时间时，宜考虑以下因素：

（1）缩短持续时间对工程质量和安全影响不大的工作。
（2）缩短有充足备用资源的工作。
（3）缩短持续时间所增加的费用最少的工作。

工期优化的计算，应按下列步骤进行：

（1）确定初始网络计划的计算工期、关键工作和关键线路。
（2）按要求工期计算应缩短的时间 ΔT。

$$\Delta T = T_c - T_r \tag{3-45}$$

式中　T_c——网络计划的计算工期；

T_r——网络计划的要求工期。

（3）确定各项关键工作能缩短的持续时间。
（4）按上述宜考虑因素选择关键工作，压缩其持续时间，并重新计算网络计划的计算工期。
（5）当计算工期仍超过要求工期时，则重复以上步骤，直到满足工期要求或工期不能再缩短为止。
（6）当所有关键工作的持续时间都已缩短到极限时间，而工期仍不能满足要求时，应对原组织方案和技术方案进行调整或对要求工期进行重新审定。
（7）在工期优化过程中，不能把关键工作压缩成非关键工作。

【例 3-7】已知某工程双代号网络计划如图 3-34 所示，箭线上方括号外的符号为工作名称，括号内的数字为优选系数，箭线下方括号外的数字为工作的正常持续时间，括号内的数字为工作的最短持续时间，假定要求工期为 15 天，试对其进行工期优化。

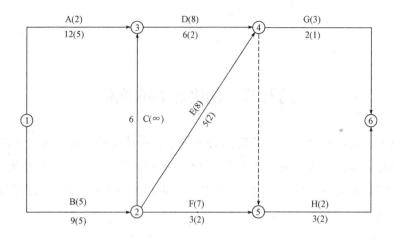

图 3-34 某工程双代号网络计划

【解】(1) 用标号法确定初始网络计划中各项工作在正常持续时间下的关键线路和计算工期，如图 3-35 所示，关键线路为①→②→③→④→⑤→⑥，计算工期为 24 天。

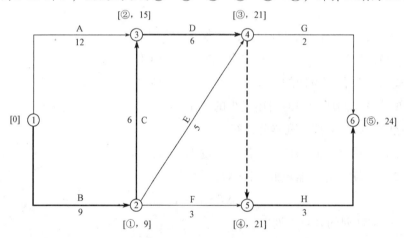

图 3-35 标号法确定初始网络计划的关键线路

(2) 按要求工期计算应缩短的时间为

$$\Delta T = T_c - T_r = 24 - 15 = 9（天）$$

(3) 选择关键线路上优选系数最小的工作进行压缩。

第一次压缩：选择关键线路上优选系数最小的工作 H，可压缩 1 天，经第一次压缩以后的网络计划如图 3-36 所示。

经第一次压缩以后，图 3-36 中有两条关键线路，①→②→③→④→⑤→⑥和①→②→③→④→⑥，计算工期为 23 天，仍需压缩的时间为 23 - 15 = 8 天。

第二次压缩：选择关键线路上优选系数最小的工作 B，可压缩 4 天，而与工作 B 并列的非关键工作 A 的总时差为 3 天，为了不使关键工作压缩以后变为非关键工作，只能将工作 B 压缩 3 天，经第二次压缩以后的网络计划如图 3-37 所示。

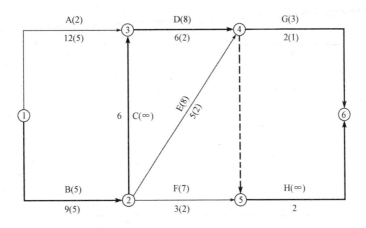

图 3-36　第一次压缩后的网络计划

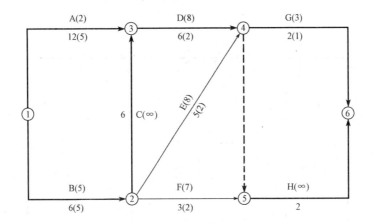

图 3-37　第二次压缩后的网络计划

经第二次压缩以后，图 3-37 中有四条关键线路，①→②→③→④→⑤→⑥、①→②→③→④→⑥、①→②→③→④→⑤→⑥和①→③→④→⑥，计算工期为 20 天，还需压缩的时间为 20 - 15 = 5 天。

第三次压缩：选择关键线路上优选系数最小的工作 A 和 B，A 和 B 的优选系数之和为 7，而工作 D 的优选系数为 8，所以选择工作 A 和 B 为压缩对象，工作 A 和 B 可同时压缩 1 天，经第三次压缩以后的网络计划如图 3-38 所示。

经第三次压缩以后，图 3-38 中仍然有四条关键线路，①→②→③→④→⑤→⑥、①→②→③→④→⑥、①→②→③→④→⑤→⑥和①→③→④→⑥，计算工期为 19 天，还需压缩的时间为 19 - 15 = 4 天。

第四次压缩：选择关键线路上优选系数最小的工作 D，可压缩 4 天，经第四次压缩以后的网络计划如图 3-39 所示。

通过四次压缩，工期为 15 天，满足要求工期的规定。优化以后的网络计划如图 3-40 所示。

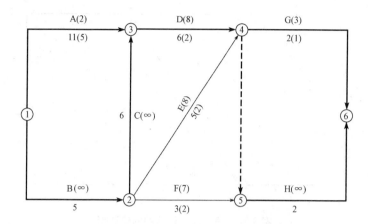

图 3-38 第三次压缩后的网络计划

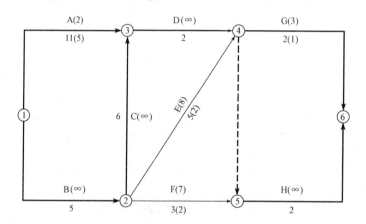

图 3-39 第四次压缩后的网络计划

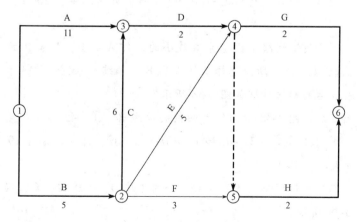

图 3-40 优化完成的网络计划

二、工期—费用优化

工期—费用优化是指寻求工程总成本最低时的工期安排，或按要求工期寻求最低成本的计划安排的过程。

在网络计划中，如何使计划以最短的工期和最少的费用完成是要同时考虑的两方面因素，这就要求必须研究工期和费用的关系，寻求工期和费用的最佳组合。

1. 费用和工期的关系

工程项目的总费用由直接费和间接费组成。直接费由人工费、材料费、施工机械使用费、措施费等组成。施工方案不同，直接费就不同；施工方案相同，工期不同，直接费也不相同。间接费包括施工管理费等。通常，缩短工期会引起直接费的增加和间接费的减少；反之，延长工期会引起直接费的减少和间接费的增加。总费用最少的工期为最优工期。如图 3-41 所示，M 点为费用总和的最低点，相应的工期就是最优工期。

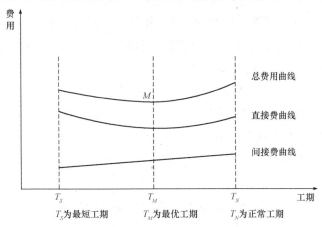

图 3-41 工期—费用曲线

由于网络计划的工期取决于关键工作的持续时间，进行工期—费用优化就必须分析网络计划中各项工作的直接费与持续时间的关系，它是网络计划工期—费用优化的基础。

为了简化计算，工作持续时间与直接费的反比关系可近似地用直线来代替，缩短每一单位工作时间所需增加的直接费称为直接费用率，直接费用率可按以下公式计算：

$$\Delta C = \frac{C_S - C_N}{D_N - D_S} \tag{3-46}$$

式中 ΔC——直接费用率；

C_S——工作最短持续时间的直接费；

C_N——工作正常持续时间的直接费；

D_N——工作正常持续时间；

D_S——工作最短持续时间。

间接费与时间成正比关系，通常用直线表示。

直接费—时间曲线如图 3-42 所示。

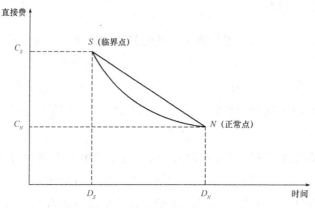

图 3-42 时间—直接费曲线

2. 工期—费用优化的方法

工期—费用优化的方法是在网络计划中不断寻找关键线路上直接费用率（或组合直接费用率）最小的关键工作，缩短其持续时间，求出在不同工期下的直接费，同时应考虑在不同工期下间接费的变化情况，最后通过直接费和间接费的叠加求得总费用最少时的最优工期或按要求工期求得最低成本的计划安排。

按照上述思路，工期—费用优化可按下列步骤进行：

（1）按工作的正常持续时间确定关键线路、计算工期以及总直接费。

（2）计算各项工作的直接费用率。

（3）压缩关键线路上直接费用率（或组合直接费用率）最小的工作的持续时间，其缩短值必须满足原关键工作仍保持关键工作地位的要求。

（4）重复（3），直至所有关键线路上工作的持续时间不能再压缩为止，并计算每一次压缩以后的直接费。

（5）根据每次压缩后的工期和直接费的数据绘制工期—直接费曲线。

（6）绘制工期—间接费曲线。

（7）通过直接费、间接费叠加，绘出工期—总费用曲线，寻找出总费用最低时对应的工期，此工期为最优工期，最终确定该网络计划的最优方案。

【例 3-8】某工程网络计划如图 3-43 所示，该网络计划中各项工作的正常持续时间、正

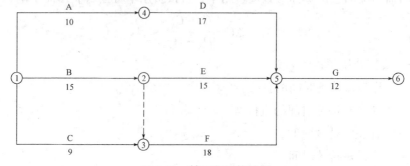

图 3-43 某工程网络计划

常持续时间的直接费、最短持续时间、最短持续时间的直接费等有关参数见表3-6,已知该工程间接费用率为300元/天,试对该网络计划进行工期—费用优化。

表3-6 工程网络计划各项工作参数

工作	正常持续时间/天	最短持续时间/天	正常持续时间的直接费/元	最短持续时间的直接费/元	直接费用率/(元·天$^{-1}$)
A	10	3	1 800	2 500	100
B	15	6	1 000	2 800	200
C	9	5	1 200	1 400	50
D	17	5	800	1 400	50
E	15	9	2 000	2 960	160
F	18	7	2 500	3 600	100
G	12	8	2 400	3 000	150
合计			11 700	17 660	

【解】1. 计算各项工作的直接费用率,将计算结果填入表3-6中

2. 按各项工作的正常持续时间绘制初始网络计划,确定计算工期、关键线路及总直接费

初始网络计划如图3-44所示。利用标号法确定初始网络计划的计算工期为45天,关键线路为①→②→③→⑤→⑥,总直接费为11 700元。

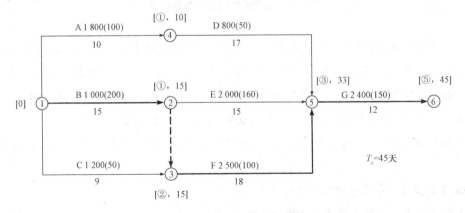

图3-44 初始网络计划

3. 确定工期最短的优化网络计划

按各项工作的最短持续时间绘制网络计划,如图3-45所示。利用标号法确定关键线路为①→②→⑤→⑥,计算工期为23天,总直接费为17 660元。

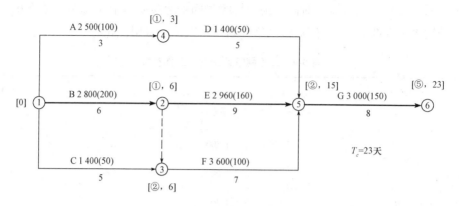

图 3-45 工期最短的网络计划

根据图 3-45, 在最短工期 23 天不变的情况下, 延长某些直接费较多的非关键工作的持续时间, 求出总直接费最少的网络计划, 即工期最短的优化网络计划, 如图 3-46 所示。

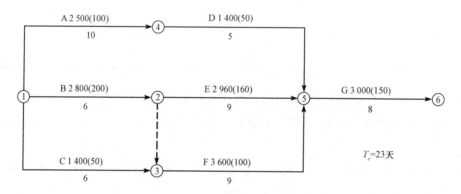

图 3-46 工期最短的优化网络计划

工作 A 的持续时间由 3 天延长至 10 天, 其直接费可减少 $100 \times 7 = 700$ 元; 工作 F 的持续时间由 7 天延长至 9 天, 其直接费可减少 $100 \times 2 = 200$ 元; 工作 C 的持续时间由 5 天延长至 6 天, 其直接费可减少 50 元。总直接费减少为 $17\,660 - 700 - 200 - 50 = 16\,710$ 元。

4. 压缩关键线路上费用率最小的工作, 进行工期—费用优化

(1) 第一次压缩。从图 3-44 可知, 该网络计划关键线路上有三项工作, 有三种压缩方案:

①压缩工作 B, 直接费用率为 200 元/天;
②压缩工作 F, 直接费用率为 100 元/天;
③压缩工作 G, 直接费用率为 150 元/天。

上述压缩方案中, 由于工作 F 的直接费用率最小, 工作 F 压缩 3 天, 此时网络计划的关键线路增至两条, 即①→②→③→⑤→⑥和①→②→⑤→⑥, 计算工期为 42 天, 如图 3-47 所示, 直接费增加到 $11\,700 + 100 \times 3 = 12\,000$ 元。

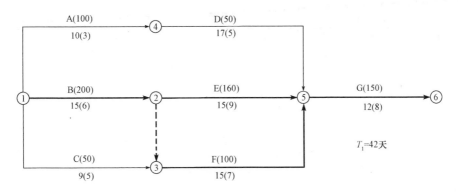

图 3-47 第一次压缩后的网络计划

(2) 第二次压缩。从图 3-47 可知，该网络计划有两条关键线路，有三种压缩方案：

①压缩工作 B，直接费用率为 200 元/天；

②压缩工作 E 和 F，组合直接费用率为 260 元/天；

③压缩工作 G，直接费用率为 150 元/天。

上述压缩方案中，由于工作 G 的直接费用率最小，工作 G 压缩 4 天，计算工期为 38 天，关键线路保持不变，如图 3-48 所示，直接费增加到 12 000 + 150 × 4 = 12 600 元。

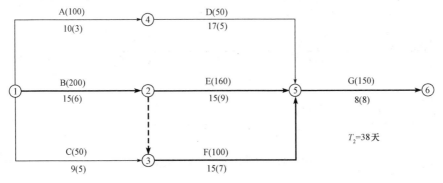

图 3-48 第二次压缩后的网络计划

(3) 第三次压缩。从图 3-48 可知，该网络计划有两条关键线路，有两种压缩方案：

①压缩工作 B，直接费用率为 200 元/天；

②压缩工作 E 和 F，组合直接费用率为 260 元/天。

优选压缩工作 B，工作 B 压缩 3 天，计算工期为 35 天，关键线路增至三条，即①→②→③→⑤→⑥、①→②→⑤→⑥和①→④→⑤→⑥，如图 3-49 所示，直接费增加到 12 600 + 200 × 3 = 13 200 元。

(4) 第四次压缩。从图 3-49 可知，该网络计划有三条关键线路，有四种压缩方案：

①压缩工作 A 和 B，组合直接费用率为 300 元/天；

②压缩工作 B 和 D，组合直接费用率为 250 元/天；

③压缩工作 A、E 和 F，组合直接费用率为 360 元/天；

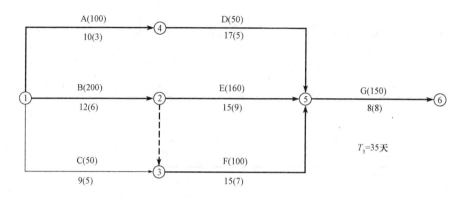

图 3-49 第三次压缩后的网络计划

④压缩工作 D、E 和 F，组合直接费用率为 310 元/天。

优选压缩工作 B 和 D，工作 B 和 D 同时压缩 3 天，计算工期为 32 天，关键线路增至四条，即①→②→③→⑤→⑥、①→②→⑤→⑥、①→④→⑤→⑥和①→③→⑤→⑥，如图 3-50 所示，直接费增加到 13 200 + 250×3 = 13 950 元。

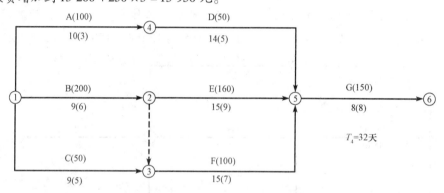

图 3-50 第四次压缩后的网络计划

(5) 第五次压缩。从图 3-50 可知，该网络计划有四条关键线路，有四种压缩方案：

①压缩工作 A、B 和 C，组合直接费用率为 350 元/天；

②压缩工作 D、E 和 F，组合直接费用率为 310 元/天；

③压缩工作 A、E 和 F，组合直接费用率为 360 元/天；

④压缩工作 B、C 和 D，组合直接费用率为 300 元/天。

优选压缩工作 B、C 和 D，工作 B、C 和 D 同时压缩 3 天，计算工期为 29 天，关键线路保持不变，如图 3-51 所示，直接费增加到 13 950 + 300×3 = 14 850 元。

(6) 第六次压缩。从图 3-51 可知，该网络计划有四条关键线路，有两种压缩方案：

①压缩工作 D、E 和 F，组合直接费用率为 310 元/天；

②压缩工作 A、E 和 F，组合直接费用率为 360 元/天。

优选压缩工作 D、E 和 F，工作 D、E 和 F 同时压缩 6 天，计算工期为 23 天，关键线路保持不变，如图 3-52 所示，直接费增加到 14 850 + 310×6 = 16 710 元。

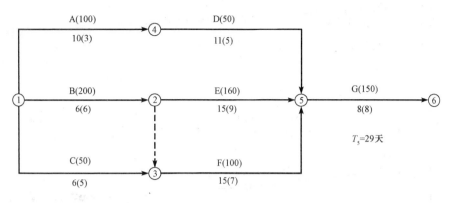

图 3-51 第五次压缩后的网络计划

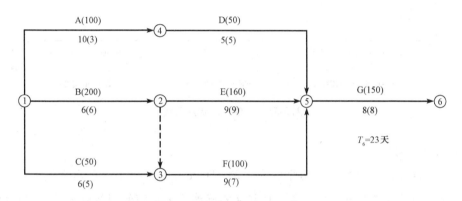

图 3-52 第六次压缩后的网络计划

将上述优化过程的结果汇总于表 3-7 中。

表 3-7 工程网络计划优化结果

压缩次数	被压缩工作的名称	直接费用率或组合直接费用率/(元·天$^{-1}$)	费用率差/(元·天$^{-1}$)	压缩时间/天	计划工期/天	直接费/元	间接费/元	总费用/元	备注
0	—				45	11 700	13 500	25 200	
1	F	100	−200	3	42	12 000	12 600	24 600	
2	G	150	−150	4	38	12 600	11 400	24 000	
3	B	200	−100	3	35	13 200	10 500	23 700	
4	B、D	250	−50	3	32	13 950	9 600	23 550	
5	B、C、D	300	0	3	29	14 850	8 700	23 550	优
6	D、E、F	310	+10	6	23	16 710	6 900	23 610	

5. 绘出工期—总费用曲线

工期—总费用曲线如图 3-53 所示。

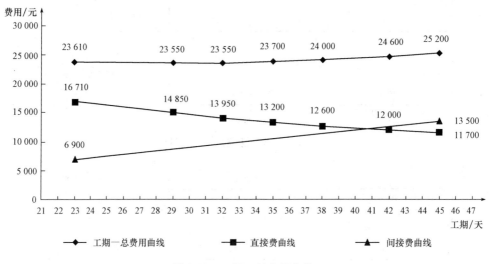

图 3-53 工期—总费用曲线

6. 绘出优化网络计划

从表 3-7 和图 3-53 可知，与总费用最低 23 550 元相对应的是一条水平线，在总费用相同的情况下，应选择工期最短的方案，也就是完成第五次压缩的网络计划为优化网络计划，如图 3-54 所示，最优工期为 29 天，相应的总费用为 23 550 元。

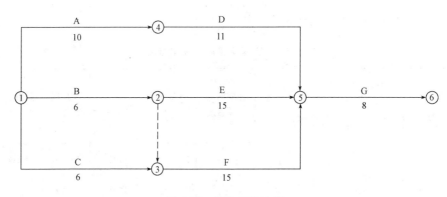

图 3-54 优化网络计划

三、资源优化

资源是指为了完成一项任务所需投入的人力、材料、机械设备和资金等。资源优化就是解决网络计划实施过程中资源的供求关系和均衡利用，通过改变某些工作的开始时间和完成时间，使资源按时间的分布符合优化目标。

完成一项工程任务所需的资源量基本上是不变的，不可能通过资源优化将其减少。资源优化有两个不同的目标：一是"资源有限，工期最短"；二是"工期固定，资源均衡"。前者是在满足资源限制的条件下，通过调整网络计划，寻求最短工期的优化过程。而后者是在保持工期不变的情况下，通过调整网络计划，使资源的需要量尽可能趋于均衡的过程。资源优化的计算比较烦琐，需借助于计算机进行，在此不再详细介绍。

第六节　网络计划的检查与调整

一、网络计划的检查

在进度计划的执行过程中，由于受到组织、管理、技术、经济、资源和环境等因素的影响，实际进度与计划进度会产生偏差，如果不采取有效措施及时纠偏，进度目标将难以实现。因此，为了保证进度目标的实现，必须建立相应的进度检查制度，定期定时对进度计划的实际执行情况进行跟踪检查。进度检查的时间间隔与工程项目的类型、规模、施工条件等因素有关，可按天、周、月为周期进行。

网络计划的检查内容包括关键工作进度、非关键工作进度及时差利用情况、实际进度对各项工作之间逻辑关系的影响、费用资料分析及其他存在的问题。

进度计划的检查方法主要是比较法，即比较实际进度与计划进度，发现偏差及时纠偏。常用的进度比较法有横道图比较法、S曲线比较法、香蕉曲线比较法、前锋线比较法和列表比较法。

网络计划的检查宜采用前锋线比较法，它是通过绘制某检查时刻工程项目实际进度前锋线，进行工程实际进度与计划进度的比较的方法，主要适用于时标网络计划。绘制进度前锋线的方法是从检查时刻的时标点出发，用点画线依次连接各工作的实际进度点，最后到检查时刻的时标点为止，形成一条为折线的前锋线，按前锋线与箭线交点的位置判定工程实际进度与计划进度的偏差。

前锋线可以直观反映出检查日期工作实际进度与计划进度的关系。若工作实际进度点位置与检查日时间坐标相同，则该工作实际进度与计划进度保持一致；若工作实际进度点位置位于检查日时间坐标左侧，则该工作实际进度拖后，拖后的时间为二者之差；若工作实际进度点位置位于检查日时间坐标右侧，则该工作实际进度超前，超前的时间为二者之差。从图3-55所示的前锋线可以看出，在项目进行到第6周时，工作D拖后2周，由于工作D的总时差为1周，工作D将影响总工期1周，工作E和工作F与计划进度保持一致，对总工期不产生影响，最终总工期拖后1周。

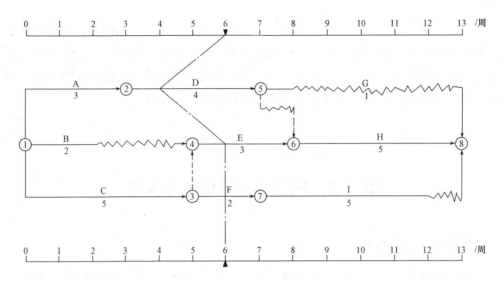

图 3-55 某时标网络计划前锋线比较

二、网络计划的调整

如实际进度与计划进度出现偏差，分析其产生的原因，采取有效的措施加以纠偏。

网络计划的调整是一个动态的调整过程。计划在实施的过程中，要根据实际工程的信息变化情况及时进行调整，调整的内容主要有：

（1）关键线路长度的调整。当关键线路的实际进度比计划进度提前时，若不拟提前工期，应当选择直接费用高或资源消耗强度大的后续关键工作，适当延长其持续时间，降低直接费用或资源消耗强度，有利于提高工程项目的经济效益。当关键线路的实际进度比计划进度拖后时，选择直接费用低或资源消耗强度小的后续关键工作，缩短其持续时间，这样有利于减少赶工费用。

（2）非关键工作时差的调整。非关键工作时差的调整应在其时差的范围内进行，每次调整后必须重新计算网络计划的时间参数，观察每次调整后对计划全局的影响，以便充分利用资源、降低施工成本。

（3）调整工作之间的逻辑关系。在网络计划的实施过程中，若出现了进度偏差且对总工期产生了影响，而且在有些工作之间的逻辑关系允许改变的情况下或者某些工作之间的逻辑关系存在不合理的地方，可以考虑改变这些工作之间的逻辑关系，达到缩短工期的目的。例如把原来的依次作业改为流水作业或平行作业，或进行工作之间的搭接等，这样都可以缩短工期，经济效益非常显著。

（4）调整工作的持续时间。当发现某些工作的原持续时间计算有误或出现技术、资源条件变化等原因时，应重新计算其持续时间。

（5）增减工作项目。在网络计划的实施过程中，有时会发现原进度计划中漏掉了某个工作或某个工作多余，这时要对原进度计划进行工作增、减的调整，但是，这种调整方法是在不改变原工作之间逻辑关系的前提下进行的，只是对局部逻辑关系进行调整，调整后应重新计算网络计划的时间参数。

（6）资源投入的调整。当资源供应发生异常时，若影响到计划工期的实现，应采取资源优化的方法对原进度计划进行调整，或采取应急措施使其对工期的影响降到最低程度。

思考题

1. 什么是网络图？
2. 什么是双代号网络图？什么是单代号网络图？
3. 双代号网络图中虚工作有何作用？
4. 简述网络图的绘制规则。
5. 什么是总时差？什么是自由时差？二者有何关系？
6. 什么是关键工作？什么是非关键工作？
7. 双代号时标网络计划有何特点？
8. 什么是单代号搭接网络计划？
9. 什么是网络计划的优化？网络计划优化的目标有哪几种？
10. 网络计划的检查与调整有哪些方法？

习 题

1. 已知某网络计划中各项工作的逻辑关系如表 3-8 所示，试绘制双代号网络图和单代号网络图。

表 3-8　网络计划中各项工作的逻辑关系

工作	A	B	C	D	E	F	G	H	I	J	K
紧前工作	—	A	A	A	B	C	C、D	E	E、F	G	H、I、J
持续时间/天	3	8	3	5	5	2	3	6	8	2	6

2. 根据表 3-9 所示的逻辑关系，绘制双代号网络图，若计划工期等于计算工期，试计算该双代号网络图中各项工作的六个时间参数，确定计算工期并标出关键线路。

表 3-9　网络计划中各项工作的逻辑关系

工作	A	B	C	D	E	F	G	H	I
紧前工作	—	—	—	A	A、B	C	D	D、E	E、F
持续时间/天	3	8	5	4	8	5	2	4	3

3. 根据表 3-10 所示的逻辑关系，绘制单代号网络图，若计划工期等于计算工期，试计算该单代号网络图中各项工作的六个时间参数及时间间隔，确定计算工期并标出关键线路。

表 3-10 网络计划中各项工作的逻辑关系

工作	A	B	C	D	E	F	G	H	I
紧前工作	—	—	—	A	A、B	A、B、C	D、E	E	F
持续时间/天	6	3	2	6	8	2	7	5	2

4. 已知某网络计划如图3-56所示,试用不经计算时间参数的方法,直接绘制时标网络计划,并标出关键线路。

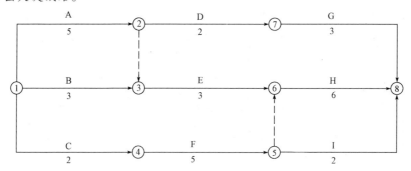

图 3-56 某网络计划

5. 根据表3-11所示的逻辑关系,绘制双代号网络图,试用标号法确定关键线路和计算工期。

表 3-11 网络计划中各项工作的逻辑关系

工作	A	B	C	D	E	F	G	H	I	J
紧前工作	—	—	—	B	A、B	B	C、D	E、F	F	G
持续时间/天	2	6	5	2	3	5	3	5	6	5

6. 已知某双代号时标网络计划如图3-57所示,当计划进行到第7周结束时检查进度,发现工作G实际进度超前1周,工作E与计划进度保持一致,工作I已工作1周,试用前锋线比较法进行实际进度与计划进度比较。

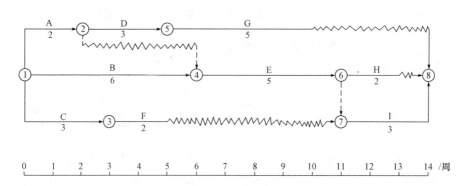

图 3-57 某双代号时标网络计划

7. 已知某双代号网络计划如图 3-58 所示，箭线上方括号外的符号为工作名称，括号内的数字为优选系数，箭线下方括号外的数字为工作的正常持续时间，括号内的数字为工作的最短持续时间，假定要求工期为 17 天，试对其进行工期优化。

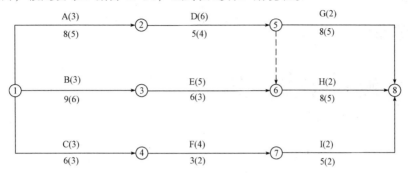

图 3-58 某双代号网络计划

第四章 施工组织总设计

★ 本章简介

本章内容包括施工组织总设计概述、施工组织总设计的内容。在施工组织总设计概述中，介绍了施工组织总设计的编制依据、编制程序及其作用；在施工组织总设计的内容中，讲述了工程概况、施工部署、施工总进度计划、资源总需要量计划、施工总平面图以及主要技术经济指标。

第一节 施工组织总设计概述

施工组织总设计是以整个建设项目或群体工程为对象，根据初步设计图纸、扩大初步设计图纸、其他有关资料以及现场施工条件编制，用以指导建设项目或群体工程全过程各项施工活动和施工准备工作的技术经济文件。

一、施工组织总设计的编制依据

（1）计划文件。包括国家批准的基本建设计划、可行性研究报告、工程项目一览表、分期分批投入使用的项目、主管部门的批件、施工单位上级主管部门下达的施工任务计划等。

（2）设计文件。包括已批准的初步设计、扩大初步设计、技术设计、设计说明书、建筑竖向设计图、建筑总平面图、总概算、修正总概算和已批准的计划任务书等。

(3) 合同文件。包括招投标文件、工程承包合同、建筑材料和设备订货合同等。

(4) 建设地区的工程勘察和原始资料。包括建设地区的地形、地貌、工程地质、水文、气象等自然条件；能源、交通运输以及建筑材料、构配件、施工机械、劳动力等的供应条件；政治、经济、文化、生活、卫生等社会生活条件。

(5) 现行的法律、规范、规程和有关的技术标准。包括建筑法、建设工程质量管理条例、建筑安装工程施工及验收规范、建筑施工技术规程、建筑工程施工质量验收统一标准等。

(6) 类似工程项目的经验资料。包括类似工程项目的施工组织总设计、技术成果和管理经验等资料。

二、施工组织总设计的编制程序

施工组织总设计的编制程序如图 4-1 所示。

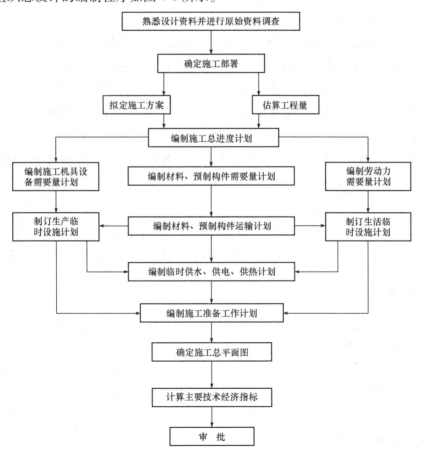

图 4-1 施工组织总设计的编制程序

三、施工组织总设计的作用

(1) 为建设单位编制基本建设计划提供依据。

(2) 为施工单位编制施工计划和单位工程施工组织设计提供依据。
(3) 为确定设计方案的施工可行性和经济合理性提供依据。
(4) 为施工准备工作和物资技术供应的落实提供依据。
(5) 为建设项目或群体工程的施工做出全面的战略部署。

第二节 施工组织总设计的内容

一、工程概况

工程概况是对整个建设项目的总说明和总分析,是对整个建设项目所作的一个简单的、重点的文字介绍。它一般包括以下内容:

(1) 建设项目特征。包括建设项目名称、建设地点、建设性质、建设总规模、建设总工期、建设占地总面积、建设总投资额、建筑安装工程量、建筑总平面图、生产工艺流程及特点、每个单项工程的占地面积、建筑面积、建筑层数、建筑体积、建筑结构类型以及新技术、新材料的应用情况,还应列出建筑安装工程项目一览表、主要建筑物和构筑物一览表、工程量总表。

(2) 建设地区特征。包括自然条件和技术经济条件。自然条件有地形、地质、地貌、水文、气象等。技术经济条件包括建设地区的劳动力、生活设施、机械设备、交通运输、水、电、通信及其他动力条件等。

(3) 施工条件。主要说明施工企业的生产能力、技术装备、管理水平,主要材料、设备以及特殊物资的供应条件,有关建设项目的合同、协议、土地征用和居民搬迁情况等。

二、施工部署

施工部署是对整个建设项目进行统筹规划和全面安排,对工程施工中的重大问题进行决策。它是编制施工总进度计划的依据。

施工部署的内容根据建设项目的性质、规模和客观条件的不同而有所区别,通常包括确定工程建设开展程序、拟定主要工程项目的施工方案、组织安排与任务分工、编制施工准备工作等。

1. 确定工程建设开展程序

根据建设项目总目标的要求,确定合理的工程建设开展程序。在确定工程建设开展程序时,主要考虑以下方面:

(1) 在保证工期的前提下,实行分期分批建设。对于一些大中型工业建设项目,通常要根据建设项目的总目标要求分期分批建设。哪些项目先建,哪些项目后建,各期工程包含哪些项目,要根据生产工艺流程、建设单位或业主要求、施工难易程度、资金状况、技术资源情况等由建设单位或业主和施工单位共同研究确定,这样可使项目尽早交付使用,发挥建设投资的经济效益。同时应在全局上保持施工的连续性和均衡性,减少暂设工程数量,降低工程成本。

(2) 统筹安排,保证重点。对于建设项目中工程量大、施工难度大、工期长的主导项目要优先进行施工;工程量小、施工难度小、工期短的辅助项目,可以考虑与主导项目配合或穿插进行施工。一般工程项目的施工应按照先地下后地上、先深后浅、先干线后支线的原则进行安排。如地下管线和筑路施工,应先铺管线再修筑道路。

(3) 考虑季节对施工的影响。冬、雨期施工由于成本较高,既要保证施工的连续性,又要考虑其经济性。寒冷地区应尽量在入冬前使房屋封闭,冬期可进行室内作业和设备安装。大规模土方和深基础土方工程施工尽量避开雨期。

(4) 确定合理的施工流向。合理的施工流向是指全场三维空间内安全、质量、进度、成本都能满足要求的调度方式。要满足施工现场各分区分段的适应性以及流水施工的要求,加快施工速度,缩短建设工期。

2. 拟定主要工程项目的施工方案

对于施工组织总设计中主要的单位工程以及特殊的分部分项工程应拟定施工方案,其目的是组织和调集施工力量,并进行技术和资源的准备工作,同时为施工的顺利开展和现场的合理布置提供依据。这些项目工程量大、技术复杂、施工难度大、工期长,对整个建设项目的完成起着至关重要的作用。例如深基础工程开挖、基坑支护、人工降水、脚手架工程、各类工具式模板工程、大体积混凝土结构的浇筑、塔吊安拆、起重机吊装等都需要编制相应的施工方案。

施工方案的主要内容包括施工方法、施工工艺流程的确定和施工机械的选择。施工方法的确定要兼顾技术的先进性和合理性;施工工艺流程的确定要兼顾各工种、各施工段的合理搭接;施工机械的选择应考虑其适用性和经济合理性,主导机械的选择应保证性能满足施工的需要,而辅助机械的选择应与主导机械相适应,又能充分发挥效用。

3. 组织安排与任务分工

在明确施工项目管理体制的条件下,建立施工现场统一组织领导机构和职能部门,明确各施工单位的任务分工和协作关系以及在不同的施工阶段各施工单位的主导施工项目和穿插施工项目。

4. 编制施工准备工作

施工准备工作是为了保证拟建项目施工活动的正常进行而预先做好的各项工作。应根据施工开展的程序和主要工程项目的施工方案,规划好施工现场的准备工作,主要内容包括:

(1) 安排测量放线的准备工作。

(2) 安排土地征用、居民搬迁以及现场障碍物的拆除工作。

(3) 安排施工现场排水、防洪。

(4) 安排场内外道路、水、电来源及引入方案。

(5) 安排建筑材料、成品、半成品的供应、运输和存储方式。

(6) 安排施工现场临时生活和生产设施。

(7) 编制新技术、新材料、新工艺、新结构的试制和试验计划。

(8) 做好冬期、雨期施工的准备工作等。

三、施工总进度计划

施工总进度计划是根据施工部署的要求,对各个单位工程施工活动的先后顺序、施工期限、开工和竣工日期以及彼此之间的衔接关系进行的科学合理的安排,是全场性施工作业在时间上和空间上的具体安排。在此基础上确定施工现场劳动力、材料、成品、半成品、施工机械以及其他物资的需要和调配情况,确定临时房屋、仓库及堆场的面积和水、电、气、能源、交通的需要量等。因此,科学地编制施工总进度计划对保证拟建项目以及整个建设项目按期交付使用,充分发挥投资效益,降低施工成本,具有重要意义。

施工总进度计划属于控制性计划,通常用横道图或网络图表示。

施工总进度计划的编制步骤一般包括:列出工程项目一览表;计算工程量;确定各单位工程的施工期限;确定各单位工程的开、竣工时间和相互搭接关系;编制施工总进度计划;检查与调整施工总进度计划。

1. 列出工程项目一览表

施工总进度计划主要起控制总工期的作用,因此要根据建设项目的特点列出工程项目一览表。项目划分不宜过细,应重点突出每个交工系统中的主要工程项目,一些临时设施、辅助设施或附属项目可以合并列出。

2. 计算工程量

根据已列出的工程项目一览表,计算主要工程项目的实物工程量。工程量可按初步设计或扩大初步设计图纸并且参考各种定额资料进行计算。

常用的定额资料有:

(1) 万元、十万元投资工程量劳动力及材料消耗扩大指标。这种定额规定了某种结构类型建筑,每万元、十万元投资中劳动力、主要材料消耗数量。

(2) 概算指标和扩大结构定额。这两种定额都是在预算定额的基础上的进一步扩大和综合。

(3) 标准设计或已建类似建筑物、构筑物的资料。在缺乏上述定额的情况下,可采用标准设计或已建成的类似建筑物、构筑物实际所消耗的劳动力及材料加以类推,按比例估算。

工程量计算除项目本身外,还需计算全工地性工程的工程量,如铁路、道路、场地平整以及地下管线的长度等。计算结果填入统一的工程量汇总表中。

3. 确定各单位工程的施工期限

单位工程施工期限的影响因素很多，如施工方法、施工技术、管理水平、机械化程度、劳动力水平、现场施工条件、施工环境以及单位工程的结构类型和体形大小等。

4. 确定各单位工程的开、竣工时间和相互搭接关系

在施工部署中确定了总的施工期限、施工程序和各系统的控制期限后，就可以具体确定各单位工程的开工、竣工时间和相互搭接关系，尽量使主要工种工程的施工能连续、均衡地进行，在具体安排时通常应考虑以下因素：

（1）突出重点，兼顾一般。在安排施工进度时，同一时间开工的项目不宜太多，以免分散人力和物力。

（2）要满足施工连续性和均衡性。尽量使主要工种工程能流水施工，使劳动力、施工机具和材料消耗在全工地达到均衡，避免出现高峰和低谷的现象。同时确定一些后备工程，可以作为调节项目穿插在主要项目的流水中，有利于调节主要项目的施工进度，从而实现项目施工的连续性和均衡性。

（3）考虑季节对施工的影响。合理安排施工项目，使施工季节不导致工期拖延，不影响工程质量。

（4）要满足生产工艺要求。合理安排各个建筑物的施工顺序和衔接关系，使土建施工、设备安装和试生产在时间和空间上的安排科学合理。

（5）施工现场布置合理。认真分析施工总平面图，在满足相关规范和标准的前提下，临时设施的布置应尽量紧凑，节省用地。

5. 编制施工总进度计划

施工总进度计划可用横道图或网络图的形式表示，由于施工总进度计划只是起控制作用，且施工条件复杂，因此项目划分不必过细。当施工总进度计划采用横道图时，项目可按施工总体方案所确定的工程开展程序排列，横道图上应表示出各施工项目的开、竣工时间以及施工持续时间。横道图常用的形式见表4-1。横道图是最简单的一种计划表示方法，这种表达方式比较直观，应用比较普遍。

表4-1 施工总进度计划

序号	单位工程项目	建筑面积/m²	结构类型	工程造价	工作量	施工时间	施工进度计划								
							××年				××年				…
							1	2	3	4	1	2	3	4	…

随着网络计划技术的推广，用网络图编制施工总进度计划在建筑工程领域得到了广泛的应用，它能准确地表达各项目之间的逻辑关系，有严谨的时间参数计算，可根据进度目标、成本目标和资源目标进行优化，实现工程项目的最优进度目标、最低成本目标和资源均衡目标。计算机的出现为网络计划技术的应用创造了更加有利的条件，人们开始更多地采用网络图编制施工总进度计划。

6. 检查与调整施工总进度计划

施工总进度计划绘制完成后，检查总工期是否满足施工合同的要求，劳动力、材料、机械需求量是否出现较大的不均衡现象，施工机械是否被充分利用；如果检查不合理，需要进行调整，在调整时注意对其他工程项目施工顺序的影响；调整的方法是改变某些工程项目施工的起止时间、施工方法或施工组织。假如采用的是网络进度计划，则可以利用计算机对其进行工期优化、工期—费用优化和资源优化，使施工总进度计划满足要求，使成本最低以及资源消耗基本保持均衡。在施工进展过程中，计划的平衡是相对的，不平衡是绝对的，应随时掌握施工的动态发展，经过调整以后，使施工总进度计划更加趋于合理。

施工总进度计划的调整措施有组织措施、管理措施、经济措施和技术措施。应充分重视健全工程项目管理的组织体系，对工程项目的进度目标进行分析和论证，选择合理的承包模式。为实现总进度目标，还应注意分析影响总进度的风险。对施工方案的选择，不仅应分析技术的先进性和经济合理性，还应考虑总进度目标实现的可能性，同时还应重视信息技术在施工总进度目标控制中的应用。当初步施工总进度计划经过调整符合要求后，即可编制正式的施工总进度计划。

四、资源总需要量计划

施工总进度计划编制完成后，就可以编制资源总需要量计划，其内容包括：劳动力需要量计划，主要材料、构件及半成品需要量计划，施工机具需要量计划等。

1. 劳动力需要量计划

劳动力需要量计划是组织劳动力进场和确定临时设施的主要依据。根据施工总进度计划、工程量汇总表、预算定额和有关经验资料计算出各建筑物主要工种的劳动力需要量汇总，即可编制整个建设项目的劳动力需要量计划，见表4-2。

表4-2 劳动力需要量计划

序号	工程名称	施工高峰期需要人数	××年				××年				…
			1	2	3	4	1	2	3	4	…

2. 主要材料、构件及半成品需要量计划

主要材料、构件及半成品需要量计划是根据施工图纸、施工部署和施工总进度计划进行编制的。根据工程量汇总表所列各工程项目的工程量，查阅有关定额或已建类似工程资料，计算出主要材料、构件及半成品的需要量，然后根据施工总进度计划大致估算出各种物资在不同季度的需要量，便可编制主要材料、构件及半成品需要量计划，见表4-3。

表4-3 主要材料、构件及半成品需要量计划

序号	主要材料、构件及半成品名称	规格	单位	数量	主要材料、构件及半成品需要量计划									
					××年				××年				…
					1	2	3	4	1	2	3	4	…

3. 施工机具需要量计划

施工机具需要量计划主要根据施工部署、施工方案、施工总进度计划、主要工种工程量套用机械产量定额编制，见表4-4。

表4-4 施工机具需要量计划

序号	机具名称	规格型号	数量	电功率	施工机具需要量计划									
					××年				××年				…
					1	2	3	4	1	2	3	4	…

五、施工总平面图

施工总平面图是拟建项目施工场地的总布置图。它反映了全工地在施工期间所需各项临时设施和永久性建筑以及拟建工程之间的空间关系。施工总平面图是按照施工部署、施工方案和施工总进度计划的要求对施工现场交通道路、材料仓库、堆场、附属生产企业、临时加工厂、临时水电管线、临时建筑物等进行的合理规划布置。土木工程施工是一个动态的变化过程,施工现场的情况是随着施工进程的发展而变化的,不同施工阶段施工总平面图的布置内容是不一样的,根据施工现场的情况对施工总平面图进行调整和修正,对施工现场有组织、有计划地文明施工和安全生产具有重要意义。施工总平面图的绘制比例通常为1∶1 000或1∶2 000。

1. 施工总平面图的设计原则

(1) 在保证施工顺利的前提下,不占或少占农田,尽量减少施工用地,施工现场平面布置紧凑合理。

(2) 合理布置施工现场各种仓库、机械、加工厂等临时设施的位置,减少场内运输距离,避免二次搬运,减少场内运输费用,保证场内运输畅通。

(3) 充分利用施工现场已有的各种永久性建筑物、构筑物和原有设施为施工服务,尽量减少临时设施。

(4) 科学确定施工区域和场地面积,尽量减少专业工种之间的交叉作业,避免相互干扰降低工作效率,防止安全事故的发生。

(5) 施工现场各种临时设施的布置应有利于生产和方便生活,同时应满足防火和环境保护的要求。

(6) 规范施工现场,安全有序、整洁卫生、不扰民、不损害公众利益,做到文明施工。

2. 施工总平面图的设计依据

(1) 设计资料主要包括建筑总平面图、地形地貌图、竖向布置图、区域规划图以及建设项目范围内地上和地下各种设施布置等。

(2) 建设地区的自然条件和技术经济条件。

(3) 建设项目的工程概况、施工部署、施工方案、施工总进度计划和资源总需要量计划。

(4) 建筑材料、构件、半成品、施工机具需要量一览表。

(5) 各构件加工厂、仓库以及其他临时设施的位置和尺寸。

3. 施工总平面图的设计内容

(1) 建设项目施工用地范围内的地形和等高线。

(2) 建设项目总平面图上一切地上、地下已有的和拟建的建筑物、构筑物以及其他设施的位置和尺寸。

(3) 为施工服务的一切临时设施的布置。包括施工用地范围、施工使用道路,工地各种材料和设备的堆场,工地供水、供电、通信及动力设施,行政管理、宿舍、文化生活和福利设施的位置。

(4) 安全、消防、环境保护设施布置。

(5) 永久性测量放线标桩的位置。

(6) 取土及弃土的位置。

4. 施工总平面图的设计步骤

(1) 引入场外交通。在设计施工总平面图时，应首先解决大宗材料的运输方式问题。大宗材料的运输方式有公路、铁路和水路等。

当大宗材料由公路运输时，由于公路布置比较灵活，通常先将仓库、加工厂等临时设施布置在最经济合理的位置，再把场内道路与场外道路连接起来。

当大宗材料由铁路运输时，应注意打破铁路的坡度和转弯半径的限制。要根据永久性铁路专用线布置主要运输干线，再根据施工需要布置某些临时铁路支线。

当大宗材料由水路运输时，应充分利用原有码头的吞吐能力，解决如何利用原有码头或是否需要增设新码头的问题。

(2) 仓库的布置。仓库通常应布置在交通方便、位置适中、运距较短和安全防火的地方，并应根据不同材料、设备和运输方式进行设置。公路运输仓库布置比较灵活，通常仓库接近使用地点。铁路运输仓库沿铁路线布置，但应有足够的装卸场地。水路运输通常在码头附近设置转运仓库，以减少船只在码头的停留时间。

仓库面积按下列公式计算：

1) 按材料储备期计算：

$$F = \frac{q}{p} \tag{4-1}$$

式中　F——仓库面积；

　　　q——材料储备量（q_1 或 q_2，q_1 用于建筑群，q_2 用于单位工程）；

　　　p——每平方米仓库面积上存放的材料数量，见表 4-5。

①建筑群的材料储备量按以下公式计算：

$$q_1 = K_1 Q_1 \tag{4-2}$$

式中　q_1——建筑群材料储备量；

　　　K_1——储备系数；

　　　Q_1——该项材料最高年、季需用量。

②单位工程的材料储备量按以下公式计算：

$$q_2 = \frac{nQ_2}{T} \tag{4-3}$$

式中　q_2——单位工程材料储备量；

　　　n——储备天数；

　　　Q_2——计划期间需用的材料数量；

T——需用该项材料的施工天数,并且大于 n。

2) 按系数计算:

$$F = \varphi \cdot m \tag{4-4}$$

式中　F——仓库面积;

　　　φ——系数,见表 4-6;

　　　m——计算基数,见表 4-6。

表 4-5　仓库面积计算所需数据参考指标

序号	材料名称	单位	储备天数 (n)	每平方米储存量 (p)	堆置高度 /m	仓库类型
1	钢材	t	40~50	1.5	1	
	工槽钢	t	40~50	0.8~0.9	0.5	露天
	角钢	t	40~50	1.2~1.8	1.2	露天
1	钢筋(直筋)	t	40~50	1.8~2.4	1.2	露天
	钢筋(盘筋)	t	40~50	0.8~1.2	1	棚或库约占20%
	钢板	t	40~50	2.4~2.7	1	露天
	钢管 ϕ200 以上	t	40~50	0.5~0.6	1.2	露天
	钢管 ϕ200 以下	t	40~50	0.7~1.0	2	露天
	钢轨	t	20~30	2.3	1	露天
	铁皮	t	40~50	2.4	1	库或棚
2	生铁	t	40~50	5	1.4	露天
3	铸铁管	t	20~30	0.6~0.8	1.2	露天
4	暖气片	t	40~50	0.5	1.5	露天或棚
5	水暖零件	t	20~30	0.7	1.4	库或棚
6	五金	t	20~30	1.	2.2	库
7	钢丝绳	t	40~50	0.7	1	库
8	电线电缆	t	40~50	0.3	2	库或棚
9	木材	m³	40~50	0.8	2	露天
	原木	m³	40~50	0.9	2	露天
	成材	m³	30~40	0.7	3	露天
	枕木	m³	20~30	1	2	露天
	灰板条	千根	20~30	5	3	棚

续表

序号	材料名称	单位	储备天数（n）	每平方米储存量（p）	堆置高度/m	仓库类型
10	水泥	t	30~40	1.4	1.5	库
11	生石灰（块）	t	20~30	1~1.5	1.5	棚
	生石灰（袋装）	t	10~20	1~1.3	1.5	棚
	石膏	t	10~20	1.2~1.7	2	棚
12	砂、石子（人工堆置）	m³	10~30	1.2	1.5	露天
	砂、石子（机械堆置）	m³	10~30	2.4	3	露天
13	块石	m³	10~20	1	1.2	露天
14	红砖	千块	10~30	0.5	1.5	露天
15	耐火砖	t	20~30	2.5	1.8	棚
16	黏土瓦、水泥瓦	千块	10~30	0.25	1.5	露天
17	石棉瓦	张	10~30	25	1	露天
18	水泥管、陶土管	t	20~30	0.5	1.5	露天
19	玻璃	箱	20~30	6~10	0.8	棚或库
20	卷材	卷	20~30	15~24	2	库
21	沥青	t	20~30	0.8	1.2	露天
22	液体燃料润滑油	t	20~30	0.3	0.9	库
23	电石	t	20~30	0.3	1.2	库
24	炸药	t	10~30	0.7	1	库
25	雷管	t	10~30	0.7	1	库
26	煤	t	10~30	1.4	1.5	露天
27	炉渣	m³	10~30	1.2	1.5	露天
28	钢筋混凝土构件	m³				
	板	m³	3~7	0.14~0.24	2	露天
	梁、柱	m	3~7	0.12~0.18	1.2	露天
29	钢筋骨架	t	3~7	0.12~0.18	—	露天
30	金属结构	t	3~7	0.16~0.24	—	露天
31	钢件	t	10~20	0.9~1.5	1.5	露天或棚
32	钢门窗	t	10~20	0.65	2	棚

续表

序号	材料名称	单位	储备天数（n）	每平方米储存量（p）	堆置高度/m	仓库类型
33	木门窗	m²	3~7	30	2	棚
34	木屋架	m³	3~7	0.3	—	露天
35	模板	m³	3~7	0.7	—	露天
36	大型砌块	m³	3~7	0.9	1.5	露天
37	轻质混凝土制品	m³	3~7	1.1	2	露天
38	水、电及卫生设备	t	20~30	0.35	1	棚、库各约占1/4
39	工艺设备	t	30~40	0.6~0.8	—	露天约占1/2
40	多种劳保用品	件		250	2	库

表 4-6 按系数计算仓库面积参考指标

序号	名称	计算基数（m）	单位	系数（φ）
1	仓库（综合）	按年平均全员人数（工地）	m²/人	0.7~0.8
2	水泥库	按当年水泥用量的40%~50%	m²/t	0.7
3	其他仓库	按当年工作量	m²/万元	1~1.5
4	五金杂品库	按年建安工作量计算	m²/万元	0.1~0.2
		按年平均在建建筑面积计算	m²/100 m²	0.5~1
5	土建工具库	按高峰年（季）平均全员人数	m²/人	0.1~0.2
6	水暖器材库	按年平均在建建筑面积	m²/100 m²	0.2~0.4
7	电器器材库	按年平均在建建筑面积	m²/100 m²	0.3~0.5
8	化工油漆危险品仓库	按年建安工作量	m²/万元	0.05~0.1
9	三大工具堆场（脚手架、跳板、模板）	按年平均在建建筑面积	m²/100 m²	1~2
		按年建安工作量	m²/万元	0.3~0.5

(3) 加工厂的布置。加工厂通常包括混凝土搅拌站、钢筋加工厂、模板加工厂、木材加工厂和金属结构加工厂等。布置的要求是材料方便使用，运费最省，满足工艺流程和安全防火的要求，生产和施工互不干扰。通常把加工厂集中布置在工地的边缘地区，既方便管理，又能降低铺设道路、排水管道、动力管线的费用。

混凝土搅拌站的布置有集中、分散、集中与分散相结合的方式。当现场运输条件较好时，采用集中布置为宜；当现场运输条件较差时，采用分散布置较好，或者可以考虑集中与分散相结合的方式。

钢筋加工厂、模板加工厂宜布置在同一个场地区域内，金属结构、焊接、机修车间由于生产上联系密切，尽可能集中布置在同一个场地区域内。木材加工厂应视木材加工性质、加工数量考虑是集中布置还是分散布置。

各类现场作业棚、加工厂所需面积参考指标见表4-7和表4-8。

表4-7 现场作业棚所需面积参考指标

序号	名称	单位	面积/m^2	备注
1	木工作业棚	m^2/人	2	占地为建筑面积的2~3倍
2	电锯房	m^2	80	864~914 mm的圆锯1台
	电锯房	m^2	40	小圆锯1台
3	钢筋作业棚	m^2/人	3	占地为建筑面积的3~4倍
4	搅拌棚	m^2/台	10~18	
5	卷扬机棚	m^2/台	6~12	
6	烘炉房	m^2	30~40	
7	焊工房	m^2	20~40	
8	电工房	m^2	15	
9	白铁工房	m^2	20	
10	油漆工房	m^2	20	
11	机、钳工修理房	m^2	20	
12	立式锅炉房	m^2/台	5~10	
13	发电机房	m^2/kW	0.2~0.3	
14	水泵房	m^2/台	3~8	
15	空压机房（移动式）	m^2/台	18~30	
	空压机房（固定式）	m^2/台	9~15	

表4-8 现场加工厂所需面积参考指标

序号	名称	年产量		单位产量所需建筑面积	占地总面积/m^2	备注
		单位	数量			
1	混凝土搅拌站	m^3	3 200	0.022（m^2/m^3）	按砂石堆场考虑	400 L搅拌机2台
		m^3	4 800	0.021（m^2/m^3）		400 L搅拌机3台
		m^3	6 400	0.020（m^2/m^3）		400 L搅拌机4台

续表

序号	名称	年产量		单位产量所需建筑面积	占地总面积/m²	备注
		单位	数量			
2	临时性混凝土预制厂	m³	1 000	0.25（m²/m³）	2 000	生产屋面板和中小型梁、柱、板等，配有蒸养设施
		m³	2 000	0.20（m²/m³）	3 000	
		m³	3 000	0.15（m²/m³）	4 000	
		m³	5 000	0.125（m²/m³）	小于 6 000	
3	半永久性混凝土预制厂	m³	3 000	0.6（m²/m³）	9 000 ~ 12 000	
		m³	5 000	0.4（m²/m³）	12 000 ~ 15 000	
		m³	10 000	0.3（m²/m³）	15 000 ~ 20 000	
	木材加工厂	m³	15 000	0.024 4（m²/m³）	1 800 ~ 3 600	进行原木、方木加工
		m³	24 000	0.019 9（m²/m³）	2 200 ~ 4 800	
		m³	30 000	0.018 1（m²/m³）	3 000 ~ 5 500	
	综合木工加工厂	m³	200	0.30（m²/m³）	100	加工门窗、模板、地板、屋架等
		m³	500	0.25（m²/m³）	200	
		m³	1 000	0.20（m²/m³）	300	
		m³	2 000	0.15（m²/m³）	420	
4	粗木加工厂	m²	5 000	0.12（m²/m³）	1 350	加工屋架、模板
		m³	10 000	0.10（m²/m³）	2 500	
		m³	15 000	0.09（m²/m³）	3 750	
		m³	20 000	0.08（m²/m³）	4 800	
	细木加工厂	万 m²	5	0.014 0（m²/m²）	7 000	加工门窗、地板
		万 m²	10	0.011 4（m²/m²）	10 000	
		万 m²	15	0.010 6（m²/m²）	14 300	
	钢筋加工厂	t	200	0.35（m²/t）	280 ~ 560	加工、成型、焊接
		t	500	0.25（m²/t）	380 ~ 750	
		t	1 000	0.20（m²/t）	400 ~ 800	
		t	2 000	0.15（m²/t）	450 ~ 900	

续表

序号	名称	年产量		单位产量所需建筑面积	占地总面积 /m²	备注
		单位	数量			
5	现场钢筋调直或冷拉 拉直场 卷扬机棚 冷拉场 时效场			所需场地（长×宽） (70~80)×(3~4)(m) 15~20(m²) (40~60)×(3~4)(m) (30~40)×(6~8)(m)		包括材料及成品堆放 3~5 t电动卷扬机一台 包括材料及成品堆放 包括材料及成品堆放
	钢筋对焊 对焊场地 对焊棚			所需场地（长×宽） (30~40)×(4~5)(m) 15~24(m²)		包括材料及成品堆放 寒冷地区应适当增加
	钢筋冷加工 冷拔、冷轧机 剪断机 弯曲机φ12以下 弯曲机φ40以下			所需场地（m²/台） 40~50 30~50 50~60 60~70		
6	金属结构加工（包括一般铁件）			所需场地（m²/t） 年产500 t为10 年产1 000 t为8 年产2 000 t为6 年产3 000 t为5		按一批加工数量计算
7	石灰消化 贮灰池 淋灰池 淋灰槽			5×3=15(m²) 4×3=12(m²) 3×2=6(m²)		每两个贮灰池配一套淋灰池和淋灰槽，每600 kg石灰可消化1 m³石灰膏
8	沥青锅场地			20~24(m²)		台班产量1~1.5 t/台

（4）布置场内运输道路。场内运输道路应根据各加工厂、仓库、其他临时设施及各施工对象的相对位置，考虑货物转运，区分主要道路和次要道路，避免交通阻塞、中断，确保行车安全，保证运输畅通，进行合理规划，以满足现场施工的需要。道路应有足够的宽度和转弯半径，主要道路采用双车道，宽度不得小于6.5 m，次要道路采用单车道，宽度不得小于3.5 m。根据场内运输情况选择合理的路面结构。

现场临时道路的技术要求、路面最小允许曲线半径以及道路路面种类、厚度见表4-9~表4-11。

表4-9 简易道路技术要求

指标名称	单位	技术标准
设计车速	km/h	≤20
路基宽度	m	双车道6~6.5；单车道4.4~5；困难地段3.5
路面宽度	m	双车道5~5.5；单车道3~3.5
平面曲线最小半径	m	平原、丘陵地区20；山区15；回头弯道12
最大纵坡	%	平原地区6；丘陵地区8；山区9
纵坡最短长度	m	平原地区100；山区50
桥面宽度	m	木桥4~4.5
桥涵载重等级	t	木桥涵7.8~10.4（汽—6~汽—8）

表4-10 各类车辆要求的路面最小允许曲线半径

车辆类型	路面内侧最小曲线半径/m		
	无拖车	有1辆拖车	有2辆拖车
小客车、三轮汽车	6	—	—
一般二轴载重汽车：单车道	9	12	15
双车道	7	—	—
三轴载重汽车、重型载重汽车、公共汽车	12	15	18
超重型载重汽车	15	18	21

表4-11 施工道路路面种类和厚度

路面种类	特点及使用条件	路基土	路面厚度/cm	材料配合比
级配砾石路面	雨天照常通车，可通行较多车辆，但材料级配要求严格	砂质土	10~15	体积比：黏土：砂：石子 = 1：0.7：3.5 重量比： 1. 面层：黏土13%~15%，砂石料85%~87% 2. 底层：黏土10%，砂石混合料90%
		黏质土或黄土	14~18	

续表

路面种类	特点及使用条件	路基土	路面厚度 /cm	材料配合比
碎(砾)石路面	雨天照常通车,碎(砾)石本身含土较多,不加砂	砂质土	10~18	碎(砾)石>65%,当地土含量≤35%
		砂质土或黄土	15~20	
碎砖路面	可维持雨天通车,通行车辆较少	砂质土	13~15	垫层:砂或炉渣4~5 cm 底层:7~10 cm 碎砖 面层:2~5 cm 碎砖
		黏质土或黄土	15~18	
炉渣或矿渣路面	可维持雨天通车,通行车辆较少,当附近有此项材料可利用时	一般土	10~15	炉渣或矿渣75%,当地土25%
		较松软时	15~30	
砂土路面	雨天停车,通行车辆较少,当附近不产石料而只有砂时	砂质土	15~20	粗砂50%,细砂、粉砂和黏质土50%
		黏质土	15~30	
风化石屑路面	雨天不通车,通行车辆较少,当附近有石屑可利用时	一般土	10~15	石屑90%,黏土10%
石灰土路面	雨天停车,通行车辆少,当附近产石灰时	一般土	10~13	石灰10%,当地土90%

(5) 临时行政及文化生活福利用房的布置。临时用房包括办公室、汽车库、职工休息室、开水房、食堂、浴室、商店、俱乐部等。生产区和生活区应分开设置,布置时尽可能利用场内原有的永久性房屋;全工地性行政管理用房宜设在工地入口处;工人福利用房应设在工人比较集中的地方,方便工人使用;生活用房宜布置在场外,形成一个独立的生活区。临时建筑面积参考指标见表4-12。

表4-12 临时建筑面积参考指标

序号	名称	使用方法	参考指标
1	办公室	按使用人数	3~4
2	宿舍		
(1)	单层通铺	按高峰年(季)平均人数	2.5~3.0
(2)	双层床	(扣除不在工地住人数)	2.0~2.5
(3)	单层床	(扣除不在工地住人数)	3.5~4.0

续表

序号	名称	使用方法	参考指标
3	家属宿舍		16~25 m²/户
4	食堂	按高峰年平均人数	0.5~0.8
	食堂兼礼堂	按高峰年平均人数	0.6~0.9
5	其他合计	按高峰年平均人数	0.5~0.6
(1)	医务所	按高峰年平均人数	0.05~0.07
(2)	浴室	按高峰年平均人数	0.07~0.1
(3)	理发室	按高峰年平均人数	0.01~0.03
(4)	俱乐部	按高峰年平均人数	0.1
(5)	小卖部	按高峰年平均人数	0.03
(6)	招待所	按高峰年平均人数	0.06
(7)	托儿所	按高峰年平均人数	0.03~0.06
(8)	子弟学校	按高峰年平均人数	0.06~0.08
(9)	其他公用	按高峰年平均人数	0.05~0.10
6	现场小型设施		
(1)	开水房		10~40
(2)	厕所	按工地平均人数	0.02~0.07
(3)	工人休息室	按工地平均人数	0.15

(6)布置临时水、电管网及其他动力设施。临时水、电管网沿主要干道布置,宜形成环形线路;临时水池、水塔等储水设施应设在地势较高处;消防站应设置在工地出入口附近,并有通畅的消防车道,其宽度不宜小于4 m,与拟建房屋的距离不得大于25 m,也不得小于5 m,消防栓到路边的距离不得大于2 m,且间距不得大于120 m。

工地临时供水主要有生产用水、生活用水和消防用水。

1)工地临时供水量计算。

①现场施工用水量计算:

$$q_1 = K_1 \sum \frac{Q_1 \times N_1}{T_1 \times t} \times \frac{K_2}{8 \times 3\,600} \tag{4-5}$$

式中 q_1——现场施工用水量(L/s);

K_1——未预见的施工用水系数(1.05~1.15);

Q_1——年(季)度工程量(以实物计量单位表示);

N_1——现场施工用水定额;

K_2——现场施工用水不均衡系数;

T_1——年(季)度有效工作日(天);

t——每天工作班数(班)。

②施工机械用水量计算:

$$q_2 = K_1 \sum Q_2 \times N_2 \times \frac{K_3}{8 \times 3\,600} \tag{4-6}$$

式中 q_2——施工机械用水量(L/s);

K_1——未预见的施工用水系数(1.05~1.15);

Q_2——同种机械台数(台);

N_2——施工机械台班用水定额;

K_3——施工机械用水不均衡系数。

③施工现场生活用水量计算:

$$q_3 = \frac{P_1 \times N_3 \times K_4}{t \times 8 \times 3\,600} \tag{4-7}$$

式中 q_3——施工现场生活用水量(L/s);

P_1——施工现场高峰昼夜人数(人);

N_3——施工现场生活用水定额;

K_4——施工现场生活用水不均衡系数;

t——每天工作班数(班)。

④生活区生活用水量计算:

$$q_4 = \frac{P_2 \times N_4 \times K_5}{24 \times 3\,600} \tag{4-8}$$

式中 q_4——生活区生活用水量(L/s);

P_2——生活区居民人数(人);

N_4——生活区昼夜全部生活用水定额;

K_5——生活区生活用水不均衡系数。

⑤消防用水量(q_5)计算见表4-13。

表4-13 消防用水量

序号	用水名称	火灾同时发生次数	单位	用水量
1	居民区消防用水 5 000人以内 10 000人以内 25 000人以内	一次 二次 二次	L/s L/s L/s	10 10~15 15~20

续表

序号	用水名称	火灾同时发生次数	单位	用水量
2	施工现场消防用水 施工现场在 25 公顷以内 每增加 25 公顷递增	一次 一次	L/s L/s	10~15 5

⑥总用水量（Q）计算：

当 $q_1+q_2+q_3+q_4 \leqslant q_5$ 时，$Q = \frac{1}{2}(q_1+q_2+q_3+q_4)+q_5$；

当 $q_1+q_2+q_3+q_4 > q_5$ 时，$Q = q_1+q_2+q_3+q_4$；

当工地面积小于 5 公顷且 $q_1+q_2+q_3+q_4 < q_5$ 时，取 $Q = q_5$。

总用水量确定后，还应增加 10%，以补偿不可避免的水管漏水损失。

2）选择供水管径。

$$d = \sqrt{\frac{4Q \times 1\,000}{\pi \times v}} \tag{4-9}$$

式中　　d——供水管内径（mm）；

　　　　Q——用水量（L/s）；

　　　　v——管网中水流速度（m/s）。

3）工地临时供电系统设计。工地临时供电系统设计工作主要有用电量计算、选择电源、确定变压器、布置配电线路和确定导线截面面积。

①用电量计算。工地临时供电可分为动力用电和照明用电。在计算用电量时，应考虑全工地动力用电功率、照明用电功率和施工高峰用电量。

②选择电源。选择电源应考虑的方案有：完全由工地附近的电力系统供电；工地附近的电力系统只能供给一部分，不足部分需要工地增设临时供电系统；当工地附近有高压电网时，申请临时配电变压器；工地属于新开发地区，没有电力系统时，电力完全由临时供电站供给。

③确定变压器。变压器的功率可按以下公式计算：

$$P = K\left[\frac{\sum P_{\max}}{\cos\varphi}\right] \tag{4-10}$$

式中　　P——变压器的功率（kV·A）；

　　　　K——功率损失系数，可取 1.05；

　　　　$\sum P_{\max}$——施工现场的最大计算负荷（kW）；

　　　　$\cos\varphi$——功率因素。

根据计算结果，可从产品目录中选用略大于该功率的变压器。

④布置配电线路和确定导线截面面积。施工用电配电线路的布置一般有枝状式、环状式和混合式三种，要根据工地大小和使用情况进行合理的选择。导线截面面积的确定要满足机

械强度、允许电流强度和允许电压降的要求。根据以上三个条件,取截面面积最大者选定导线截面面积,根据截面面积从电线产品目录中选取。

六、技术经济指标

施工组织总设计的技术经济指标反映了设计方案的技术可行性和经济合理性。通常采用的技术经济指标如下。

1. 施工周期

施工周期是指建设项目从正式开工到全部投产使用为止的持续时间。应计算的指标有施工准备期、部分投产期和单位工程工期。

(1) 施工准备期。施工准备期是指从施工准备开始到主要项目开工的全部时间。

(2) 部分投产期。部分投产期是指从主要项目开工到第一批项目投产使用的全部时间。

(3) 单位工程工期。单位工程工期是指各个单位工程从开工到竣工的全部时间。

2. 劳动生产率

(1) 全员劳动生产率 [元/(人·年)]。

(2) 单位用工(工日/每平方米竣工面积)。

(3) 劳动力不均衡系数:

$$劳动力不均衡系数 = \frac{施工期高峰人数}{施工期平均人数} \tag{4-11}$$

3. 安全指标

安全指标以发生安全事故频率控制数表示。

4. 工程质量

工程质量是指按合同要求达到的质量等级:合格、优良、省优、部优、鲁班奖。

5. 降低成本指标

(1) 降低成本额:

$$降低成本额 = 承包成本 - 计划成本 \tag{4-12}$$

(2) 降低成本率:

$$降低成本率 = \frac{降低成本额}{承包成本额} \tag{4-13}$$

6. 机械指标

(1) 施工机械完好率。

(2) 施工机械利用率。

(3) 机械化程度:

$$机械化程度 = \frac{机械化施工完成工作量}{总工作量} \tag{4-14}$$

7. 预制化施工水平

$$预制化施工水平 = \frac{预制工作量}{总工作量} \tag{4-15}$$

8. 临时工程投资比例

$$临时工程投资比例 = \frac{全部临时工程投资额}{建筑安装工程总值} \tag{4-16}$$

9. 三大材料节约百分比

（1）节约钢材百分比。

（2）节约木材百分比。

（3）节约水泥百分比。

思考题

1. 简述施工组织总设计的编制依据。
2. 简述施工组织总设计的编制程序。
3. 施工组织总设计有何作用？
4. 施工部署包括哪些内容？
5. 简述施工总进度计划的编制步骤。
6. 资源总需要量计划包括哪些内容？
7. 简述施工总平面图的设计原则。
8. 简述施工总平面图的设计依据。
9. 施工总平面图的设计内容有哪些？
10. 简述施工总平面图的设计步骤。
11. 施工组织总设计的技术经济指标有哪些？

第五章 单位工程施工组织设计

★本章简介

本章内容包括单位工程施工组织设计概述、工程概况、施工部署和施工方案、单位工程施工进度计划、资源配置计划、单位工程施工平面图。在单位工程施工组织设计概述中，介绍了单位工程施工组织设计的编制依据、编制程序和内容；在工程概况中，介绍了工程主要情况、各专业设计简介和工程施工条件；在施工部署和施工方案中，讲述了工程施工目标、进度安排和空间组织、工程施工的重点和难点分析、工程管理的组织机构形式、"四新"技术的应用、分包单位的选择、确定施工顺序、确定施工流向、选择主要分部分项工程的施工方法和施工机械、制定技术组织措施、施工方案的技术经济评价；在单位工程施工进度计划中，介绍了单位工程施工进度计划的作用、分类、编制依据、编制程序、表示方法和编制步骤；在资源配置计划中，介绍了劳动力需要量计划、主要材料需要量计划、构件和半成品需要量计划、施工机械需要量计划；在单位工程施工平面图中，讲述了单位工程施工平面图的设计内容、设计依据、设计原则和设计步骤。

第一节 单位工程施工组织设计概述

单位工程施工组织设计是以单位工程为主要对象编制的施工组织设计。它对单位工程的施工过程起指导和制约作用。它的编制是施工前的一项重要准备工作，也是施工企业实现科学管理的重要手段。

单位工程施工组织设计是指导施工全过程各项工作活动的技术、经济和组织的综合性文件。它既要体现拟建工程的设计和使用要求，又要符合工程施工的客观经济规律。单位工程施工组织设计的编制结合具体的施工条件、施工组织总设计以及有关资料，从工程项目的全局出发，进行施工方案设计，在人、材料、机械、资金等方面做出科学合理的安排，满足工期、质量和成本的要求。

一、单位工程施工组织设计的编制依据

（1）工程承包合同。包括工程范围和内容，工程开、竣工日期，工程质量标准，工程质量保修期，工程造价，工程价款的支付和结算以及交工验收办法，材料和设备的供应以及进场期限，违约责任等。

（2）经会审的施工图及设计单位对施工的要求。包括单位工程的全部施工图纸、会审纪要及相关资料，设计单位对施工的要求。

（3）施工企业年度生产计划。包括对该项目的安排和规定的各项指标，如开、竣工日期以及其他项目穿插施工的要求等。

（4）施工组织总设计。应该把施工组织总设计作为编制依据，满足施工组织总设计对其任务和各项指标的要求。

（5）工程预算文件及有关定额。包括工程量清单及报价、预算定额和施工定额等。

（6）建设单位可能提供的条件。包括建设单位可能提供的临时房屋、供水、供电、供热等施工条件。

（7）资源配备情况。包括施工中所需劳动力、材料、预制构件、加工品来源及供应情况，施工机具的配备及生产能力等。

（8）施工现场的勘察资料。包括地形、地貌、地上和地下障碍物、水文、气象、交通运输等资料。

（9）有关国家标准和规定。包括施工及验收规范、质量评定标准和安全操作规程等。

二、单位工程施工组织设计的编制程序

单位工程施工组织设计的编制程序是指对其各组成部分形成的先后次序及相互制约关系的处理。从编制程序中可以更加清楚地了解单位工程施工组织设计的内容。

单位工程施工组织设计的编制程序包括：熟悉、审查施工图纸，进行调查研究→计算工程量→确定施工方案和施工方法→编制施工进度计划→编制资源需要量计划（包括施工机械需要量计划、主要材料需要量计划、构件和半成品需要量计划、劳动力需要量计划）→确定临时生产、生活设施→确定临时供水、供电、供热管线→编制运输计划→编制施工准备工作计划→布置施工现场平面图→计算技术经济指标→制定技术安全和文明施工措施→审批。

三、单位工程施工组织设计的内容

(1) 工程概况。
(2) 施工部署。
(3) 施工进度计划。
(4) 施工准备与资源配置计划。
(5) 主要施工方案。
(6) 施工现场平面布置。

第二节　工程概况

工程概况包括工程主要情况、各专业设计简介和工程施工条件等。

一、工程主要情况

(1) 工程名称、性质和地理位置。
(2) 工程的建设、勘察、设计、监理和总承包等相关单位的情况。
(3) 工程承包和分包范围。
(4) 施工合同、招标文件或总承包单位对工程施工的重点要求。
(5) 其他应说明的情况。

二、各专业设计简介

(1) 建筑设计简介。应依据建设单位提供的建筑设计文件进行描述。包括建筑规模，建筑功能，建筑特点，建筑耐火、防水及节能要求等，并应简单描述工程的主要装修做法。
(2) 结构设计简介。应依据建设单位提供的结构设计文件进行描述。包括结构形式，地基基础形式，结构安全等级，抗震设防类别，主要结构构件类型及要求等。
(3) 机电及设备专业设计简介。应依据建设单位提供的各相关专业设计文件进行描述。包括给水、排水及采暖系统，通风与空调系统，电气系统，智能化系统，电梯等各个专业系统的做法要求。

三、工程施工条件

工程施工条件包括水通、电通、路通及场地平整的"三通一平"，项目建设地点的气象状况，施工区域地形和工程水文地质状况，当地的交通运输、建筑材料、设备供应状况，施工单位的机械、劳动力落实情况，施工单位内部承包方式，劳动组织形式，技术水平以及其他与施工有关的主要因素。

第三节　施工部署和施工方案

一、施工部署

施工部署包括工程施工目标确定，进度安排和空间组织，工程施工的重点和难点分析，工程管理的组织机构形式，"四新"技术的应用，分包单位的选择。

1. 工程施工目标确定

工程施工目标应根据施工合同、招标文件以及本单位对工程管理目标的要求确定。它包括进度目标、质量目标、安全目标、环境目标、成本目标等。各项目标应满足施工组织总设计中确定的总体目标的要求。

如果单位工程施工组织设计作为施工组织总设计的补充，其各项目标的确立应同时满足施工组织总设计中确立的施工目标的要求。

2. 进度安排和空间组织

工程主要施工内容及其进度安排应明确说明，施工顺序应符合工序逻辑关系，应对本单位工程的主要分部（分项）工程和专项工程的施工做出统筹安排，对施工过程的里程碑节点进行说明。

要结合工程具体情况组织流水施工。施工段的划分要合理，保证本单位工程的主要分部（分项）工程和专项工程的施工能够连续、均衡和有节奏地进行。单位工程施工阶段的划分通常包括地基基础、主体结构、装饰装修和机电设备安装。

3. 工程施工的重点和难点分析

工程施工的重点和难点分析包括组织管理和施工技术两个方面。

对于不同的工程和不同的企业，工程施工的重点和难点具有一定的相对性。某些重点、难点工程的施工方法可能已通过有关专家论证成为企业施工工艺标准或企业工法，企业可以直接引用。重点、难点工程施工方法的选择应着重考虑影响整个单位工程的分部（分项）工程，如工程量大、施工技术复杂或对工程质量起重大作用的分部（分项）工程。

4. 工程管理的组织机构形式

工程管理的组织机构是为完成工程项目特定的目标和任务而设置的。工程项目目标和任务是决定组织和组织运行最重要的因素。工程管理的组织机构形式多种多样，按照工程项目管理理论可分为职能型、项目型和矩阵型三种形式；根据工程项目的实际情况还有多种复合形式。

5. "四新"技术的应用

"四新"就是新技术、新工艺、新材料、新设备。

为适应建筑业技术的发展，中华人民共和国住房和城乡建设部在 2010 年推出了 10 项新技术，目的是促进建筑业新技术的应用和创新。在现代工程施工中，"四新"代表了先进生产力，它是建筑业从劳动密集型向技术型转变的桥梁和纽带。在工程施工过程中运用新技术、新工艺、新材料、新设备，可以提高工程质量，降低工程成本，加快工程施工进度。

对工程施工中开发和使用的新技术、新工艺应做出部署，对新材料和新设备的使用应提出技术及管理要求。

6. 分包单位的选择

对分包单位的选择要求主要包括分包工程范围、合同结构模式、分包管理模式等需进行简要说明。

二、施工方案

合理选择施工方案是单位工程施工组织设计的核心。施工方案的选择恰当与否，不仅影响到施工进度计划的安排和施工平面的布置，而且直接影响到单位工程的质量、成本和安全。因此，要对施工方案进行技术经济比较，选择技术上先进、施工上可行、经济上合理且符合施工现场实际情况的施工方案。

施工方案的选择通常包括确定施工顺序、确定施工流向、选择主要分部分项工程的施工方法和施工机械、制定技术组织措施、技术经济评价等。

（一）确定施工顺序

施工顺序是指各分部工程、专业工程或施工阶段施工的先后次序。它是客观规律在施工过程中的具体表现形式。工程施工受到自然条件和物质条件的制约，在不同的施工阶段，不同的施工内容有其固有的先后次序关系，既不能相互代替，又不能相互颠倒。

1. 确定施工顺序应遵循的基本原则

（1）先地下、后地上。"先地下、后地上"是指地上工程开始施工之前，尽量把管道和线路等地下设施、土方工程、基础工程完成或基本完成，以免对地上工程施工造成干扰，影响工程施工质量。

（2）先主体、后围护。"先主体、后围护"是指在框架结构和装配式结构施工中，先进行主体结构施工，后进行围护结构施工，使主体结构和围护结构在施工顺序上进行合理的搭接。通常情况下，高层建筑应尽量采用搭接施工，多层建筑以少搭接施工为宜，装配式单层工业厂房主体与围护结构不宜采用搭接施工。

（3）先结构、后装饰。"先结构、后装饰"是指先进行主体结构施工，后进行装饰工程施工。一般情况下，为了缩短工期，也可以进行部分搭接施工。

（4）先土建、后设备。"先土建、后设备"是指先进行土建工程的施工，后进行水、暖、电、卫等建筑设备的施工。要正确地处理土建和设备安装施工的先后顺序关系。它们之间更多的是穿插配合，尤其是在装饰阶段，应处理好各工种之间协作配合的关系。

2. 确定施工顺序的基本要求

（1）符合施工工艺的要求。施工工艺是指在施工过程中各分部分项工程之间存在的工艺顺序关系。它是施工中必须遵循的客观规律。如现浇钢筋混凝土梁板的施工顺序为：安装模板→绑扎钢筋→浇筑混凝土→养护→拆模；现浇钢筋混凝土柱的施工顺序为：绑扎钢筋→安装模板→浇筑混凝土→养护→拆模；框架结构施工中，墙体作为围护结构，可以安排在框架结构施工完成以后再进行。

（2）与施工方法协调一致。不同的施工方法会使施工过程的先后顺序有所不同。如单层工业厂房结构吊装工程，当采用分件吊装法时，施工顺序为：吊装柱子→吊装吊车梁和连系梁→吊装屋盖系统；当采用综合吊装法时，施工顺序为：吊装第一节间的柱子、吊车梁、连系梁和屋盖系统→吊装第二节间的柱子、吊车梁、连系梁和屋盖系统→……→吊装最后一节间的柱子、吊车梁、连系梁和屋盖系统。

（3）满足施工组织的要求。施工顺序的安排应从施工组织的角度出发，进行经济分析和对比，选择最为合理、有利于施工和开展工作的方案。如分部分项工程施工可采用依次施工、平行施工、流水施工，但采用何种作业方式，必须通过分析、比较，选择最为合理的。

（4）考虑施工质量的要求。在安排施工顺序时，要以保证工程质量为前提。当影响到工程质量时，要重新安排施工顺序或采取相应的技术保证措施。如屋面防水层必须等找平层干燥以后才能施工，否则会影响防水工程的施工质量。

（5）考虑当地气候条件的影响。在安排施工顺序时，要考虑当地的气候条件。如基础工程、室外工程、门窗工程等要在冬、雨期到来之前完成，为室外工程和地上工程的施工创造条件，有利于改善施工人员的工作环境。

（6）考虑施工安全的要求。高空作业危险因素多，尤其是在立体、平行、交叉作业时，尤其要遵守施工现场的安全操作规程。如主体结构施工时，构件、模板、钢筋的吊装和水、暖、电、卫的安装不能在同一个工作面上，必要时采取一定的安全防护措施，确保工程施工的安全。

3. 多层砖混结构居住房屋的施工顺序

多层砖混结构居住房屋的施工，一般可划分为基础工程、主体结构工程、屋面及装饰工程三个施工阶段，如图5-1所示。

（1）基础工程的施工顺序。基础工程是指室内地坪（±0.000）以下的工程。其施工顺序为：挖基槽（坑）→做垫层→砌筑（浇筑混凝土）基础→回填土。具体内容应根据工程设计而定。如有桩基础，应另列桩基础工程施工，桩基础工程的施工顺序为：预制桩（灌注桩）施工→挖土方→做垫层→承台施工→回填土。如有地下室，地下室的施工顺序为：挖土方→做垫层→地下室底板施工→地下室墙、柱施工→地下室顶板施工→防水层或保护层施工→回填土。

挖基槽（坑）和做垫层时间间隔不宜太长，以防止地基土长期暴露，雨后基槽（坑）内灌水，影响地基的承载力。垫层施工后需留有一定的技术间歇时间，使其具有一定的强度

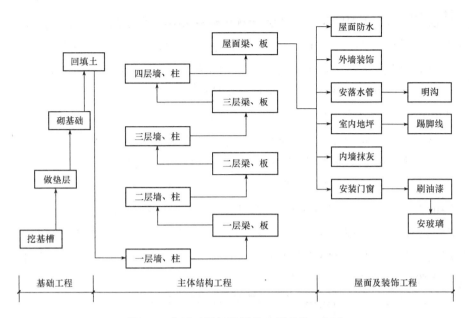

图 5-1 多层砖混结构居住房屋的施工顺序

后再进行下一道工序的施工。各种管沟的挖土、铺设等施工过程应尽可能与基础工程施工配合，采取平行施工或搭接施工。回填土施工由于对后续工序的影响较小，可根据施工条件进行合理安排。根据施工工艺的要求，回填土施工可以在结构工程完工以后进行，也可以在上部结构开始以前进行，通常施工中采用后者。其主要原因是后者可以避免基槽（坑）遭水浸泡，为后续工程的施工创造有利条件，提高生产效率。

（2）主体结构工程的施工顺序。主体结构工程是指基础工程以上，屋面板以下的所有工程。这个施工阶段的施工过程主要包括：安装垂直运输设备，搭设脚手架，砌筑墙体，梁、板、柱、楼梯、阳台、雨篷等的施工。

多层砖混结构居住房屋为现浇结构时，其施工顺序为：绑扎柱钢筋→砌筑墙体→安装柱模板→浇筑混凝土→安装梁、板、楼梯模板→绑扎梁、板、楼梯钢筋→浇筑梁、板、楼梯混凝土。多层砖混结构居住房屋为预制结构时，砌筑墙体和安装楼板是主体结构工程的主导施工过程，它们在各楼层之间是交替进行的。在组织主体结构工程施工时，应尽量使砌筑墙体连续施工，同时应重视构造柱、圈梁、厨房、卫生间现浇结构的施工。各层预制楼梯段的安装必须与砌筑墙体和安装楼板紧密配合，在砌筑墙体和安装楼板的同时相继完成。

主体结构工程施工通常采用流水作业的方式，就是将拟建工程在平面上划分为若干个施工段，在竖向划分为若干个施工层，各施工队在不同的施工段和施工层上组织流水施工。

（3）屋面及装饰工程的施工顺序。屋面及装饰工程是指屋面板完成以后的所有工作。这个阶段的施工内容多，劳动消耗大，手工操作多，持续时间长。合理安排屋面及装饰工程的施工顺序，组织流水作业，对加快工程进度具有重要意义。

屋面工程在主体结构工程完工后开始，并尽快完成，为顺利进行室内装饰工程创造条件。柔性防水屋面的施工顺序为：找平层→隔汽层→保温层→找平层→冷底子油结合层→防水层→保护层。刚性防水屋面的施工顺序为：找平层→保温层→找平层→刚性防水层→隔热层。其中细石混凝土防水层、分仓缝施工应在主体结构完成后开始，并尽快施工完毕。一般情况下，屋面工程和装饰工程可以进行平行或搭接施工。

装饰工程可分为室内装饰和室外装饰。室内装饰包括天棚、墙面、楼地面、楼梯、门窗、玻璃、踢脚线等。室外装饰包括外墙、勒脚、散水、台阶、明沟、落水管等。其中内、外墙及楼地面装饰是整个装饰工程施工的主导施工过程。安排装饰工程的施工顺序，组织立体交叉平行流水作业，关键在于确定整个装饰工程施工的空间顺序。

根据装饰工程的质量、工期和安全要求以及施工条件，其施工顺序一般有以下几种：

1) 室外装饰工程。室外装饰工程可采用自上而下的施工顺序，如图5-2所示。从檐口开始，逐层往下进行施工，每层的全部工序完成后，即可拆除该层的脚手架，散水及台阶等在外脚手架拆除后进行施工。

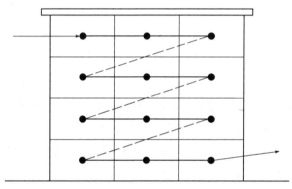

图5-2　室外装饰工程自上而下的施工流向（水平向下）

2) 室内装饰工程。室内装饰工程有自上而下、自下而上和自中而下再自上而中三种施工顺序。

①室内装饰工程自上而下的施工顺序是指主体结构工程及屋面防水层施工完成以后，室内抹灰从顶层开始逐层往下进行。其施工流向分为水平向下和垂直向下两种，如图5-3所示

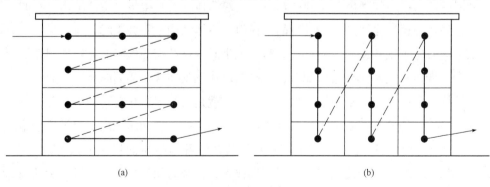

(a)　　　　　　　　　　　(b)

图5-3　室内装饰工程自上而下的施工流向
（a）水平向下；（b）垂直向下

示。采用自上而下施工顺序的优点是主体结构完成后,有足够的沉降时间,能保证装饰工程的质量,防止因屋面渗漏而影响工程质量;各施工过程之间交叉作业少,方便组织施工,有利于保证施工安全;方便清理建筑垃圾。其缺点是不能与主体结构搭接施工,工期比较长。

②室内装饰工程自下而上的施工顺序是指主体结构施工到三层以上时(有二层楼板,确保底层施工安全),室内抹灰从底层开始逐层往上进行。其施工流向分为水平向上和垂直向上两种,如图5-4所示。采用自下而上施工顺序的优点是可以与主体结构工程平行搭接施工,有效地缩短了施工工期。其缺点是工序之间交叉作业多,材料供应集中,施工机具负担重,要采取安全措施,现场施工组织和管理工作比较复杂。只有工期要求比较短的时候,才采用自下而上的施工顺序。为防止雨水或施工用水从上层楼板渗漏而影响工程质量,应先做好上层楼板的面层抹灰,再进行下层墙面、天棚、地面的饰面施工。

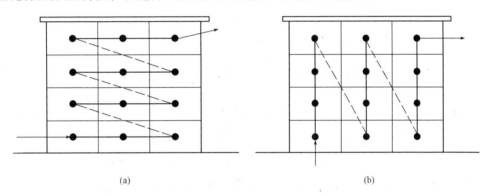

图5-4 室内装饰工程自下而上的施工流向

(a)水平向上;(b)垂直向上

③室内装饰工程自中而下再自上而中的施工顺序综合了前面两种施工顺序的特点,一般适用于高层建筑的装饰工程施工。

水、暖、电、卫等工程的施工不像土建工程中那样划分成几个明显的施工阶段,而是一般与土建工程中有关的分部分项工程施工交叉进行,紧密配合。在基础工程施工时,在回填土之前,应完成管道沟的垫层和地沟施工。在主体结构工程施工时,应在砌砖墙和现浇钢筋混凝土楼板的同时,预留出上下水管和暖气立管的孔洞、电线孔槽,预埋木砖和其他预埋件。在装饰工程施工时,安设相应的各种管道和电器照明用的附墙暗管、接线盒等。水、暖、电、卫等工程的安装一般在楼地面和墙面抹灰前或后穿插进行,若电线采用明线,则应在室内粉刷后进行。

4. 钢筋混凝土框架结构房屋的施工顺序

钢筋混凝土框架结构房屋的施工一般可划分为基础工程、主体结构工程、围护工程和装饰工程四个施工阶段,如图5-5所示。

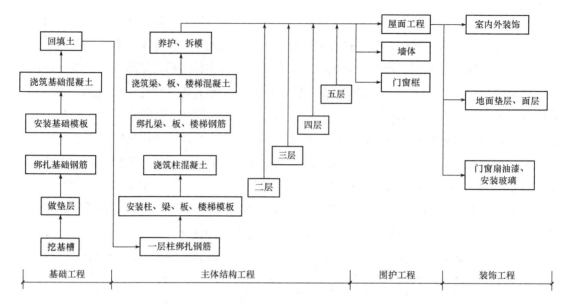

图 5-5 现浇钢筋混凝土框架结构房屋的施工顺序

（1）基础工程的施工顺序。现浇钢筋混凝土框架结构房屋的基础工程施工可分为有地下室和无地下室两种情形。

若有地下室，且房屋采用桩基工程，基础工程的施工顺序为：桩基施工→土方开挖→做垫层→地下室底板施工→地下室墙、柱防水处理→地下室顶板施工→回填土。

若无地下室，且房屋采用柱下独立基础，基础工程的施工顺序为：挖基槽（坑）→做垫层→基础施工（绑扎钢筋、安装模板、浇筑混凝土、养护、拆除模板）→回填土。

（2）主体结构工程的施工顺序。全现浇钢筋混凝土框架结构的施工顺序为：绑扎柱钢筋→安装柱、梁、板模板→浇筑柱混凝土→绑扎梁、板钢筋→浇筑梁、板混凝土。

柱、梁、板的模板安装，绑扎钢筋和浇筑混凝土等施工过程的工程量大，耗用的材料和劳动力多，对工程质量和工期起着关键作用，是整个框架结构施工的主导工序。通常情况下，将多层框架结构的施工在平面上划分为若干个施工段，在竖向上划分为若干个施工层，组织平面上和竖向上的流水施工。

（3）围护工程的施工顺序。围护工程的施工包括：墙体工程、安装门窗框和屋面工程。墙体工程有搭设和拆除砌筑用的脚手架，砌筑内、外墙等分项工程，不同的分项工程之间可以组织平行、搭接、立体交叉流水作业。屋面工程和墙体工程应密切配合，在主体结构工程完成之后，先进行屋面保温层和找平层施工，待外墙砌筑到顶后，再进行屋面防水层的施工。脚手架应配合砌筑工程搭设，在室外装饰完成之后，做散水之前拆除。

（4）装饰工程的施工顺序。钢筋混凝土框架结构房屋的装饰工程分为室内装饰和室外装饰。室内装饰包括：天棚、墙面、楼地面、楼梯、门窗、玻璃、踢脚线等。室外装饰包括：外墙、勒脚、散水、台阶、明沟、落水管等。施工顺序一般分为先室内后室外、先室外后室内、室内外同时进行三种。采用哪一种施工顺序应根据施工条件、气候条件和合同工期的要求合理确定。

5. 装配式钢筋混凝土单层工业厂房的施工顺序

装配式钢筋混凝土单层工业厂房的施工可分为基础工程、预制工程、结构安装工程、围护工程和装饰工程五个施工阶段，如图5-6所示。

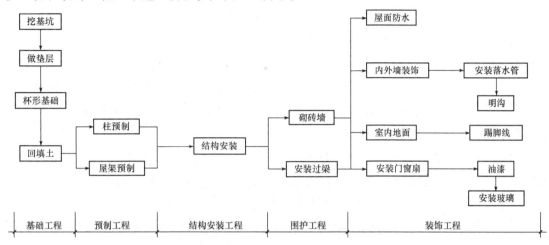

图5-6 装配式钢筋混凝土单层工业厂房的施工顺序

（1）基础工程的施工顺序。装配式钢筋混凝土单层工业厂房的基础工程一般为现浇杯形基础。基础工程的施工顺序为：土方开挖→做垫层→钢筋混凝土杯形基础施工（绑扎钢筋、安装模板、浇筑混凝土、养护、拆除模板）→回填土。

装配式钢筋混凝土单层工业厂房往往都有设备基础，特别是重型工业厂房，设备基础埋置深，体积大，施工难度大，技术要求高，所需工期长。设备基础的施工顺序常常会影响到主体结构工程的安装方法和设备安装的进度，因此，对设备基础的施工必须高度重视。对厂房内的设备基础，根据不同的情况，可以按两种施工方案确定其施工顺序，即封闭式施工和敞开式施工。

①封闭式施工。封闭式施工是指厂房柱基础先施工，设备基础在结构吊装完成后再施工。它适用于设备基础体积小，埋置深度浅，土质较好，距柱基础较远和在厂房结构吊装后对厂房结构稳定性并无影响的情况。封闭式施工的优点是土建施工工作面大，有利于重型构件现场预制、吊装和就位，方便选择起重机械，确定合理的开行路线，可加快主体结构工程的施工速度；设备基础的施工在室内进行，免受外界气候的影响。其缺点是部分柱基础的回填土在设备基础施工时还需重新挖出，多了重复性工作；设备基础施工的条件差，现场拥挤。

②敞开式施工。敞开式施工是指设备基础先施工或厂房柱基础和设备基础同时施工。敞开式施工工作面大，施工方便，为设备提前安装创造了有利条件。它的适用范围、优缺点与封闭式施工相反。

这两种施工顺序，应根据现场的实际施工条件，进行比对后合理选择。

（2）预制工程的施工顺序。装配式钢筋混凝土单层工业厂房结构构件多，有柱子、基础梁、吊车梁、连系梁、屋架、天窗架、支撑、屋面板等构件。装配式钢筋混凝土单层工业厂房结构构件的预制方式有两种，即现场预制和加工厂预制。在确定具体预制方案时，应结合构件的技术特征、工期要求、现场施工及运输条件等因素，经过技术经济比较后合理确定。一般来说，对于尺寸大、重量大、运输不方便的大型构件，可以在施工现场拟建车间内部就地预制，如柱子、托架梁、屋架、吊车梁等。中、小型构件可在加工厂预制，如大型屋面板、钢结构构件等。

装配式钢筋混凝土单层工业厂房预制构件现场制作预应力屋架的施工顺序为：场地平整夯实→制作底模→绑扎钢筋→预应力屋架预留孔道→浇筑混凝土→养护→拆除模板→屋架预应力钢筋张拉→锚固→孔道灌浆。

预制构件制作在基础回填、场地平整夯实以后就可开始。构件制作的日期、平面位置、流向和顺序取决于工作面准备工作的完成情况和构件的安装方法。构件制作的流向应与基础工程的施工流向一致，以便为后续工程提供工作面。

每跨构件尽量布置在本跨内，如确有困难，才考虑布置在跨外而便于吊装的地方。构件的布置方式应满足吊装工艺的要求，尽量减少起重机负荷行走的距离及起伏起重臂的次数。各种构件均应力求少占场地，保证起重机械和运输车辆运行道路畅通。采用旋转法吊装柱子时，柱脚宜靠近基础，柱子的绑扎点、柱脚与柱基中心三点宜位于起重机的同一起重半径的圆弧上。屋架布置要考虑张拉、扶直、朝向、堆放以及吊装的先后顺序，避免屋架在吊装过程中在空中掉头，影响安全及施工进度。

装配式钢筋混凝土单层工业厂房除了柱子和屋架在施工现场制作外，其他构件如吊车梁、连系梁、屋面板等均在加工厂制作，然后运至工地吊装。构件运至施工现场后，应按照施工组织设计的要求，按编号及构件吊装顺序进行就位或堆放，吊车梁、连系梁的就位位置，一般在其吊装位置的柱列附近；屋面板的就位位置，可布置在跨内或跨外。

（3）结构安装工程的施工顺序。装配式钢筋混凝土单层工业厂房的结构安装工程是整个厂房施工的主导工程。其施工内容包括柱子、基础梁、吊车梁、连系梁、屋架、天窗架、支撑、屋面板等构件的吊装、校正和固定。安装前的准备工作非常重要，内容包括场地的清理，道路的修筑，基础的准备，构件的运输、就位、堆放、拼装加固、弹线编号、吊装验算以及起重机的安装等。

结构安装顺序取决于安装方法，若采用分件吊装法，其吊装顺序为：第一次开行吊装全部柱子，并对柱子进行校正和最后固定；第二次开行吊装吊车梁、连系梁以及柱间支撑；第三次开行分节间吊装屋架、天窗架、屋面板及屋面支撑，即吊装屋盖系统。分件吊装法由于每次都是吊装同类型构件，索具不需要经常更换，吊装速度快，能充分发挥起重机的工作效率；同时构件的供应、平面布置、校正也比较方便。

若采用综合吊装法，其吊装顺序为：吊装第一节间的柱子、吊车梁、连系梁和屋盖系统→吊装第二节间的柱子、吊车梁、连系梁和屋盖系统→……→吊装最后一节间的柱子、吊车梁、连系梁和屋盖系统。综合吊装法起重机开行路线较短，但构件的供应、平面布置比较复杂，构件的校正也比较困难。

抗风柱的吊装方式一般有两种：一是在吊装柱子的同时先吊装该跨一端的抗风柱，另一端的抗风柱则在屋盖系统吊装完毕后进行；二是全部抗风柱的吊装均待屋盖系统吊装完毕后进行。

（4）围护工程的施工顺序。装配式钢筋混凝土单层工业厂房围护工程的内容包括：墙体砌筑、安装门窗框和屋面工程。可以组织平行作业，充分利用工作面安排施工。

围护工程的施工顺序为：搭设垂直运输设备→砌墙体→搭设脚手架→安装门窗框→现浇雨篷等。

（5）装饰工程的施工顺序。装配式钢筋混凝土单层工业厂房装饰工程的内容包括室内装饰和室外装饰。室内装饰有地面、门窗扇、玻璃安装、油漆、刷白等。室外装饰有勾缝、抹灰、勒脚、散水等。两者既可以平行进行，又可以与其他工程穿插进行。

水、暖、电、卫等工程的安装与砖混结构相同，而生产设备的安装一般由专业公司承担。上面所述的施工过程和顺序，仅适用于一般情况。建筑产品的生产过程是一个复杂的过程，随着工程对象和施工条件的变化会有所变化，因此必须根据实际情况合理安排施工顺序，最大限度地利用时间和空间来组织流水，立体交叉施工，使时间和空间都得到合理利用。

（二）确定施工流向

施工流向是指单位工程在平面或竖向上施工开始的部位和进展的方向。它主要取决于生产需要、工期和质量的要求。对单层建筑物应按工段、跨间，分区分段地确定出在平面上的施工流向；对多层建筑物除了要确定每层在平面上的施工流向，还要确定在竖向上的施工流向。施工流向的确定涉及施工活动的开展和进程，是组织施工活动的重要环节。

确定单位工程的施工流向，一般应考虑如下因素：

1. 生产工艺或使用要求

生产工艺或使用要求是确定施工流向的重要因素。从生产工艺上考虑，影响其他工段试车投产的工段或建设单位对使用要求急切的工段应先进行施工。

2. 施工的繁简程度

单位工程中技术复杂、施工进度慢、工期较长的工段或部位应先施工。如高层现浇钢筋混凝土结构房屋，主楼部分先施工，裙房部分后施工。

3. 高低跨或高低层

装配式钢筋混凝土单层工业厂房结构吊装中，应从高低跨并列处开始。屋面防水层施工应按先高后低的顺序进行，高低层并列的多层房屋应先从层数多的房屋处开始施工；基础埋深不同的房屋，应先施工深的基础，后施工浅的基础。

4. 现场条件和施工方案

施工场地的大小、道路的布置、施工方案的选择也是确定施工流向的重要因素。如土方工程施工中,边开挖边外运余土,则施工起点应选择在远离道路的部位,由远而近地进行施工;结构吊装工程中,起重机械可选用桅杆式起重机、自行式起重机、塔式起重机,施工现场条件和施工方案决定了起重机械类型和型号的选择,这些起重机械的开行路线和布置位置决定了结构吊装的施工流向。

5. 施工组织的分层分段作业

土木工程施工的一系列生产活动是施工过程在时间上、空间上的进展,在组织施工生产中,要在平面上划分施工段,在竖向上划分施工层。在组织施工时可采用依次作业、平行作业和流水作业等不同的生产组织方式。在施工段、施工层的分界部位,如伸缩缝、沉降缝、防震缝、施工缝,也是确定施工流向应考虑的因素。

6. 分部分项工程的特点及其相互关系

如基础工程由施工机械和施工方法决定其平面上的施工流向;主体结构工程施工在平面上看从哪个方向开始都可以,但竖向上施工流向必须是自下而上的;装饰工程竖向施工比较复杂,室外装饰工程可采用自上而下的施工流向,室内装饰工程可采用自上而下、自下而上和自中而下再自上而中三种施工流向。

(三)选择主要分部分项工程的施工方法和施工机械

施工方法和施工机械的合理选择是制定施工方案的关键。它直接影响施工进度、质量、成本和安全,在组织项目施工时应该予以充分重视。单位工程中各分部分项工程可以采用不同的施工方法和施工机械进行施工,而每种施工方法和施工机械各有其特点,必须从经济、先进、合理的角度出发,选择可行的施工方案。

1. 选择主要分部分项工程的施工方法

确定施工方法时,应重点考虑影响整个单位工程施工的各分部分项工程的施工方法。主要是选择在单位工程中占有重要地位的分部分项工程,施工技术复杂或采用新技术、新工艺及对工程质量起关键作用的分部分项工程,不熟悉的特殊结构工程,缺乏施工经验的分部分项工程的施工方法。必要时应编制单独的分部分项工程的施工作业计划,提出质量要求以及达到质量要求的技术措施。

选择的施工内容主要包括:

(1)土石方工程。计算土石方工程的工程量,确定土石方的开挖方法,选择土石方的施工机械,确定土石方开挖的放坡系数以及土壁支撑形式,选择排除地面水和降低地下水位的方法,确定排水沟、集水井和井点系统的布置,确定土石方平衡调配方案。

(2)钢筋混凝土工程。选择模板类型和安装模板的方法,进行模板设计和绘制模板放样图,选择钢筋的加工、绑扎和焊接方法,确定混凝土的搅拌、运输、浇筑、振捣和养护方法,确定施工缝的留设位置,确定预应力混凝土的张拉设备和施工方法。

(3)砌筑工程。确定墙体的组砌方法和质量要求,确定脚手架的搭设方法及安全网的挂设方法,选择垂直和水平运输机械。

(4)结构安装工程。确定起重机的类型、型号和数量,确定结构的安装方法,确定起重机械的位置和开行路线,确定构件的运输、装卸和堆放方法。

(5) 屋面工程。确定屋面工程防水层的施工方法,确定屋面材料的运输方式。

(6) 装饰工程。确定各种装饰工程的操作方法和质量要求,选择材料的运输方式,确定工艺流程和机具设备。

2. 选择施工机械

选择施工机械是确定施工方法的核心。施工机械的选择应主要考虑以下因素:

(1) 选择主导施工机械。根据工程项目的特点,选择适宜的主导施工机械。如单层工业厂房结构吊装,当工程量较大且集中时,可以选择生产效率较高的塔式起重机;当工程量较小又分散时,选择自行式起重机比较合理。在选择起重机时,应满足起重量、起重高度和起重半径的要求。

(2) 施工机械的类型和型号满足施工要求。为了充分发挥主导施工机械的效率,各种辅助机械或运输工具与主导机械要协调配合。如土方工程中采用汽车运土,汽车容量一般是挖土机斗容量的整数倍,汽车数量应保证挖土机连续工作。

(3) 应尽量减少施工机械的种类和数量。在同一工地施工时,应力求减少施工机械的种类和数量,宜采用多用途机械施工,方便机械管理。如挖土机既可以挖土,又可以装卸、起重等,做到一机多用。

(4) 应尽量选用现有的施工机械。为了提高施工的经济效益,减少施工的投资额,降低施工成本,应尽量选用本单位现有的施工机械。当本单位现有的施工机械不能满足施工要求时,才购买或租赁施工机械。

(四) 制定技术组织措施

技术组织措施是在技术和组织方面对保证工程质量、工期、成本、安全、环境保护和文明施工所采用的方法。它是在严格执行施工验收规范和操作规程的前提下,针对不同施工项目的特点制定出的相应措施,是施工组织设计不可缺少的内容。

1. 保证质量措施

(1) 做好技术交底工作,严格执行施工验收规范和操作规程。

(2) 对新结构、新工艺、新材料、新技术的施工操作制定相应的技术措施。

(3) 保证工程定位、放线、标高测量等准确无误的措施。

(4) 保证地基承载力、基础和地下结构施工质量的措施。

(5) 保证主体结构工程中关键部位施工质量的措施。

(6) 保证屋面、装饰工程施工质量的措施。

(7) 保证冬、雨期施工质量的措施。

(8) 加强现场技术管理工作,对工程质量进行动态控制。

2. 降低成本措施

(1) 合理进行土方平衡调配,降低土方运输费用。

(2) 综合利用施工机械,节约机械台班费用。

(3) 提高模板安装精度，加快模板周转速度。

(4) 建立合理的劳动组织，提高劳动生产率，减少用工数量。

(5) 保证工程施工质量，减少返工费用。

(6) 提高机械设备的使用效率，减少机械设备的费用支出。

(7) 节约临时设施费用。

(8) 加快工程施工进度，使工程建设提前完工，节省各项费用支出。

3. 保证工期措施

(1) 编制施工进度计划表，使各分部分项工程进行合理搭接，缩短建设工期。

(2) 做好施工前的准备工作，按照进度计划的要求，科学合理地组织施工。

(3) 定期对施工进度的计划值和实际值进行比较，如发现进度偏差，采取相应的纠偏措施。如发现原定的施工进度目标不合理，则调整施工进度目标。

(4) 加强施工现场管理，对劳动力实行优化组合和动态管理。

(5) 加强施工中的过程控制，严格"三检"制度，提高交工验收的合格率，避免不必要的返工延误工期。

(6) 优化施工方案，对生产要素进行合理配置，提高机械设备完好率、利用率和机械化施工的程度。

(7) 挖掘施工企业内部潜力，广泛开展施工劳动竞赛，确保总工期目标和阶段性目标的顺利实现。

4. 保证安全措施

(1) 建立健全施工安全管理制度。

(2) 制定安全施工宣传、教育的具体措施，安全员应持证上岗，保证项目安全目标的实现。

(3) 必须对所有的新工人进行三级安全教育，即施工人员进场前进行公司、项目部、作业班组的安全教育。

(4) 调查工程项目的自然环境和作业环境对施工安全的影响。

(5) 对采用的新结构、新工艺、新材料、新技术及特殊、复杂的工程项目，需制定专门的安全技术措施，确保安全施工。

(6) 对主要分部分项工程，如土石方工程、基础工程、砌筑工程、钢筋混凝土工程、结构吊装工程、脚手架工程等必须编制单独的分部分项工程安全技术措施。

(7) 编制各种机械动力设备、用电设备的安全技术措施。

(8) 季节性施工要制定防暑降温、防触电、防雷、防坍塌、防风、防火、防滑、防煤气等措施。

5. 环境保护和文明施工措施

(1) 按照施工总平面图的要求合理布置各项临时设施。

(2) 施工现场要设置围挡，市区主要路段不宜低于 2.5 m，一般路段不低于 1.8 m，实行封闭管理。

（3）施工现场必须设置明显的"五牌一图"（即工程概况牌、安全生产制度牌、文明施工制度牌、环境保护制度牌、消防保卫制度牌、施工现场平面布置图）。

（4）施工现场的出入口交通安全，道路畅通，场地平整，安全与消防设施齐全。

（5）施工现场的施工区、办公区和生活区要分开设置，功能分区要明确，保持安全距离。

（6）各种材料、构配件应分品种、规格整齐堆放。

（7）要制订施工现场的施工垃圾、生活垃圾运输计划，防止环境污染。

（8）项目部要根据施工过程的特点、环境保护和文明施工的要求，定期进行检查、考核和评价。

（五）技术经济评价

工程项目施工的整个过程是按照预先编制的施工组织设计进行的。单位工程施工组织设计中最核心的部分是施工方案的选择，施工方案是否合理直接关系到工程项目的质量、进度和成本控制。因此，必须对工程项目施工方案进行技术经济分析和评价，从若干个可行的施工方案中选择最佳的施工方案，使建筑企业取得较好的经济效益和社会效益。

施工方案的技术经济评价的目的就是选择技术上先进、经济上合理、施工上可行的适合该工程项目的最佳方案。它涉及的因素众多，内容复杂，通常有定性分析和定量分析。

1. 定性分析

定性分析就是对众多施工方案进行优缺点比较，从中选择最佳的施工方案。如从施工操作的难易度、安全的可靠性、季节性施工的影响、现有施工机械和设备的情况、施工现场文明施工的条件等方面进行比较。该方法比较简单，主观随意性较大，仅适用于施工方案的初步评价。

2. 定量分析

定量分析就是对众多施工方案相同的若干技术经济指标进行比较、分析和计算，选择综合评分最高的施工方案。该方法比较客观，指标的计算比较复杂。其评价指标主要有以下几种：

（1）技术性指标。技术性指标主要包括深基坑支护技术方案中土层锚杆总量，大体积混凝土浇筑方案采用的全面分层、分段分层和斜面分层的浇筑方法，结构吊装方案中构件的起重量、起重高度和起重半径，工程项目的建筑面积，主要分部分项工程量以及施工过程中工程质量的保证措施等。

（2）经济性指标。经济性指标包括：主要专用设备需要量，如设备型号、台数、使用时间等；施工中的资源需要量，主要是指采用不同的施工技术方案引起的材料增加量和资源需要量，包括主要工种工人需要量、劳动消耗量、主要材料消耗量等；单位面积工程造价；劳动生产率；施工机械化程度等。

（3）效益指标。效益指标主要包括施工工期、工程总工期、主要材料节约指标、降低成本指标等。

第四节　单位工程施工进度计划

单位工程施工进度计划是在施工方案的基础之上，根据规定工期和各种资源供应条件，按照施工过程合理的施工顺序和组织施工原则，用图的形式对单位工程中各分部分项工程之间的搭接关系，开、竣工时间以及计划工期等做出的合理安排。它是单位工程施工组织设计中的一项非常重要的内容。

一、单位工程施工进度计划的作用

（1）是控制各分部分项工程施工进度的主要依据。

（2）确定单位工程中主要分部分项工程的施工顺序、施工持续时间、相互衔接和协作配合关系。

（3）为编制月度、季度生产作业计划提供依据。

（4）为编制各项资源需要量计划提供依据。

（5）为编制施工准备工作计划提供依据。

二、单位工程施工进度计划的分类

单位工程施工进度计划根据施工项目的粗细程度可划分为控制性施工进度计划和实施性施工进度计划。

（1）控制性施工进度计划。控制性施工进度计划按分部工程划分施工项目，控制各分部工程的施工持续时间以及它们之间的相互配合关系。它主要适用于工期较长、规模较大、结构比较复杂以及各种资源还不确定的情况，或者建筑结构及建筑规模等可能发生变化的情况。

（2）实施性施工进度计划。实施性施工进度计划按分项工程或施工过程划分施工项目，用来具体确定各分项工程的施工持续时间以及它们之间的相互配合关系。它主要适用于工期较短、施工任务具体而明确、施工条件基本落实、各种资源供应正常的情况。

控制性施工进度计划要宏观一些，实施性施工进度计划要具体一些，实施性施工进度计划是对控制性施工进度计划的进一步补充和完善，更具有可操作性。

三、单位工程施工进度计划的编制依据

（1）工程承包合同。

（2）经审批的图纸以及技术资料。

（3）施工总进度计划。

(4) 主要分部分项工程的施工方案。

(5) 各种资源的供应情况。

(6) 分包单位的情况。

(7) 施工定额和预算定额。

(8) 其他有关资料等。

四、单位工程施工进度计划的编制程序

单位工程施工进度计划的编制程序为：收集编制依据→划分施工过程→计算工程量→套用施工定额→计算劳动量和机械台班需用量→确定施工过程的持续时间→编制施工进度计划初始方案→检查和调整施工进度计划初始方案→编制正式施工进度计划方案。

五、单位工程施工进度计划的表示方法

单位工程施工进度计划的表示方法有横道图和网络图，详见第二章和第三章。单位工程施工进度计划横道图的表格形式见表5-1。

表5-1 单位工程施工进度计划

序号	分部分项工程名称	工程量		劳动定额	劳动量		机械		每天工作班数	每班工人人数	工作天数	施工进度 月									
		单位	数量		工种	工日数量	机械名称	台班数				2	4	6	8	10	12	14	16	18	20	…

六、单位工程施工进度计划的编制步骤

1. 划分施工过程

施工项目是单位工程施工进度计划的基本组成单元。编制单位工程施工进度计划时，首先按照施工图纸和施工顺序把拟建单位工程进行项目分解，列出各个施工过程，并结合施工条件、施工方法和劳动组织等因素，加以适当调整，使其成为编制单位工程施工进度计划所

需的施工项目。

通常，单位工程施工进度计划所列施工项目仅包括直接在施工现场的建筑物或构筑物上进行砌筑或安装的施工过程，而对于预制加工厂构件制作和运输的施工过程则不包括在内。对于施工现场就地预制的构件，它们单独占有工期，而且对其他施工过程的施工会产生影响，构件的运输需要和其他施工过程密切配合，如构件的随运随吊，也需要把这些项目列入施工进度计划。

在确定施工过程时，应考虑以下问题：

（1）施工过程划分的粗细程度要结合工程的实际需要。施工过程划分的粗细程度主要根据单位工程施工进度计划的需要确定，对于控制性施工进度计划，施工过程的划分可以适当粗一些，只需列出分部工程的名称。如装配式钢筋混凝土单层工业厂房施工，只列出土石方工程、基础工程、预制工程、安装工程等各分部工程项目。对于实施性施工进度计划，则要求划分得细一些，特别是主导工程和主要分部工程，应尽量做到详细而具体，便于指导具体工程的施工，这样可以对施工进度计划进行有效的控制。如装配式钢筋混凝土单层工业厂房施工，不仅要列出各分部工程项目，而且要把各分部工程项目所包含的分项工程列出，如预制工程需要列出柱子预制、梁预制、屋架预制等项目。

（2）施工过程的划分要考虑施工方案的选择。施工方案的选择是单位工程施工组织设计的核心。施工方案中所确定的施工顺序、施工阶段的划分等直接影响到施工进度的安排。施工过程的划分要结合具体的施工方法。如装配式钢筋混凝土单层工业厂房的结构吊装，如采用分件吊装法，则施工过程应按照吊装柱子、基础梁安装、连系梁安装、吊车梁安装、吊装屋架、吊装屋面板来划分；如采用综合吊装法，则施工过程应按照节间来划分。如装配式钢筋混凝土单层工业厂房设备基础的施工，当采用封闭式施工方案时，厂房柱基础先施工，设备基础工程的若干施工过程应单独列出，设备基础在结构吊装完成后再施工；当采用敞开式施工方案时，设备基础先施工或厂房柱基础和设备基础同时施工，也可以合并成一个施工过程。

（3）要适当地对施工过程的内容进行简化。可以适当地简化施工过程的内容，避免施工过程划分过细，重点不突出，反而失去了指导施工的意义。可以将某些穿插性的分项工程合并到主导分项工程中，次要的零星分项工程或同一时间由同一专业施工队施工的过程合并为一个施工过程。如门窗框安装可以并入砌筑工程中；工业厂房中的钢门窗油漆、钢支撑油漆、钢梯油漆等合并为钢构件油漆一个施工过程。

（4）设备安装工程和土建工程的协调配合。设备安装工程通常由专业施工队负责施工，应单独列出。在土建工程施工进度计划中，只需要反映出与土建工程的协调配合关系即可。

（5）施工过程排列顺序的要求。所有的施工过程应大致按施工顺序进行排列编号，避免重复或遗漏，所采用的名称可参考现行的施工定额手册上的项目名称。

2. 计算工程量

工程量计算应根据施工图纸、工程量计算规则以及相应的施工方法进行。施工进度计划中的工程量不作为工程结算的依据，通常可以直接采用施工图预算的工程量计算数据，但要结合工程项目的实际情况做适当的调整和补充。如土石方工程施工中挖土工程量，应根据土壤的类别和施工方法按实际情况进行计算。工程量计算应注意以下问题：

（1）工程量的计量单位。单位工程中各分部分项工程的工程量计量单位与现行的施工定额的计量单位一致，以便计算劳动量、材料和施工机械台班消耗量时直接套用定额，不再进行换算。

（2）采用的施工方法和安全技术要求。不同的施工方法和安全技术要求，其计算结果是不一样的。因此，工程量计算应结合选定的施工方法和安全技术要求，使计算的工程量与施工的实际情况相符合。如挖土时是否放坡，是否增加工作面，坡度和工作面的具体尺寸是多少，是否需要加设临时支撑，开挖方式是单独开挖、条形开挖还是整片开挖等，土方工程量相差是很大的，这些都直接影响到工程量的计算结果。

（3）施工组织要求。应结合施工组织的要求，分区、分段、分层计算工程量，以便组织流水作业。根据工程量总数分别除以层数和段数，得出每层、每段上的工程量，即流水节拍，流水节拍是组织流水施工的主要参数之一。

（4）正确使用预算文件中的工程量数据。编制单位工程施工进度计划时，如已编制了预算文件，应合理使用预算文件中的工程量数据。施工进度计划中的施工过程大多数可直接采用预算文件中的工程量数据，施工进度计划中的施工过程与预算文件中的施工过程不同或有出入时，如计量单位、计算规则等，应根据施工中的实际情况进行调整或重新确定。

3. 套用施工定额

根据所划分施工过程和施工方法确定了工程量以后，即可套用施工定额（当地实际采用的劳动定额及机械台班定额）计算劳动量和机械台班需用量。

施工定额是以同一性质的施工过程作为研究对象，表示生产产品数量与时间消耗关系的定额，它是施工企业组织生产和加强管理使用的一种定额。施工定额由人工定额、材料消耗定额和机械台班使用定额组成。

施工定额有时间定额和产量定额两种表现形式。时间定额就是某种专业、某种技术等级的工人班组或个人在合理的劳动组织和使用材料的条件下，完成单位合格产品所必需的工作时间。时间定额以工日为单位，每一工日按 8 h 计算。产量定额就是在合理的劳动组织和使用材料的条件下，某种专业、某种技术等级的工人班组或个人在单位工日中所应完成的合格产品的数量。时间定额和产量定额互为倒数关系，两者的乘积等于 1。

套用施工定额时，必须结合本单位工人的技术等级、实际操作水平、施工机械情况和施工现场条件等因素，确定实际采用的定额水平，使计算出来的劳动量和机械台班需用量符合实际。对于有些新技术、新工艺、新材料、新设备或特殊施工方法的施工过程，施工定额手册还未列出，可参考类似施工过程的定额、经验资料或按实际情况选择。

4. 计算劳动量和机械台班需用量

劳动量和机械台班需用量应根据各分部分项工程的工程量、施工方法和现行的施工定额，结合施工单位的实际情况加以确定。按以下公式计算：

$$P_i = \frac{Q_i}{S_i} \text{ 或 } P_i = Q_i \cdot H_i \tag{5-1}$$

式中　P_i——第 i 个施工过程的劳动量或机械台班需用量；

　　　Q_i——第 i 个施工过程的工程量（m^3、m^2、m、t 等）；

　　　S_i——第 i 个施工过程采用的产量定额（m^3/工日或台班、m^2/工日或台班、m/工日或台班、t/工日或台班等）；

　　　H_i——第 i 个施工过程采用的时间定额（工日或台班/m^3、工日或台班/m^2、工日或台班/m、工日或台班/t 等）。

（1）当某一施工过程是由两个或两个以上具有同一性质而不同类型的分项工程合并而成时，应根据各个不同分项工程的劳动定额和工程量，按合并前后总劳动量不变的原则计算合并后的综合劳动定额。按以下公式计算：

$$S = \frac{\sum_{i=1}^{n} Q_i}{\frac{Q_1}{S_1} + \frac{Q_2}{S_2} + \cdots + \frac{Q_n}{S_n}} \text{ 或 } H = \frac{Q_1 H_1 + Q_2 H_2 + \cdots + Q_n H_n}{\sum_{i=1}^{n} Q_i} \tag{5-2}$$

式中　S——综合产量定额；

　　　H——综合时间定额；

　　　$Q_1, Q_2, \cdots, Q_n$——合并前各分项工程的工程量；

　　　$S_1, S_2, \cdots, S_n$——合并前各分项工程的产量定额；

　　　$H_1, H_2, \cdots, H_n$——合并前各分项工程的时间定额。

实际应用时，应注意合并前各分项工程的工作内容和工程量的单位。当合并前各分项工程的工作内容和工程量的单位一致时，公式中 $\sum_{i=1}^{n} Q_i$ 等于各分项工程的工程量之和，否则应取与综合劳动定额单位一致和工作内容基本一致的各分项工程的工程量之和。

（2）施工计划中的新技术、新工艺、新材料、新设备或特殊施工方法的施工过程尚未列入施工定额手册，而在实际施工中遇到的，在计算时可参考类似施工过程的定额或经过实际测算确定的临时定额。

（3）施工计划中其他工程所需的劳动量，可根据其内容和施工现场的具体情况以总劳动量的 10%～20% 计算。

（4）设备安装工程（包括水、暖、电、卫）等施工过程，通常由专业施工队组织施工，在编制土建工程施工进度计划时，不予考虑其具体施工进度，只需要反映出与土建工程相互配合的进度即可。

5. 确定施工过程的持续时间

施工过程持续时间的计算方法通常有定额计算法、经验估算法、倒排工期法。

(1) 定额计算法。根据施工过程的劳动量或机械台班数以及配备的专业工人人数或机械台数,确定施工过程的持续时间。计算公式如下:

$$t = \frac{Q}{RSN} = \frac{P}{RN} \tag{5-3}$$

式中 t——某施工过程的持续时间;

Q——工程量;

R——某施工过程拟配备的施工人数或施工机械台数;

S——产量定额;

N——每天的工作班次;

P——劳动量(工日)或机械台班数(台班)。

在安排每班工人人数和机械台数时,必须根据工程实际情况,结合施工现场的具体条件、每个工人的最小工作面、最小劳动组合人数、施工机械的工作面、机械效率、机械必要的维修和保养时间等因素,同时还必须满足施工安全的要求。一般情况下,每天宜采用一班制,特殊情况下可采用二班制或三班制。

(2) 经验估算法。经验估算法也称为三时估计法,通常适用于采用新工艺、新材料、新技术等无定额可使用的施工过程。在经验估算法中,为了提高估算精度,先估计出完成该施工过程的最乐观时间(A)、最悲观时间(B)和最可能时间(C)三种施工持续时间,然后根据以下公式求出期望的施工持续时间作为该施工过程的持续时间:

$$t = \frac{A + 4C + B}{6} \tag{5-4}$$

式中 t——某施工过程工作的持续时间;

A——某施工过程工作的最乐观时间;

B——某施工过程工作的最悲观时间;

C——某施工过程工作的最可能时间。

(3) 倒排工期法。倒排工期法是根据施工总工期和施工经验,确定各施工过程的持续时间,然后再按各施工过程所需的劳动量或机械台班数,确定各施工过程在每个工作班所需的工人人数或机械台数。计算公式如下:

$$R = \frac{P}{tN} \tag{5-5}$$

式中 R——某施工过程拟配备的施工人数或施工机械台数;

P——劳动量(工日)或机械台班数(台班);

t——某施工过程的持续时间;

N——每天的工作班次。

6. 编制施工进度计划初始方案

编制施工进度计划时，必须考虑各分部分项工程的施工顺序，确定主导施工过程的施工进度，尽可能组织流水施工，使主导施工过程能连续、均衡地进行。同时还需将其他次要的、辅助的施工过程与主导施工过程相互配合、穿插、搭接或平行作业，形成施工进度计划的初始方案。如砖混结构房屋主体结构工程的主导施工过程为砖墙砌筑和现浇钢筋混凝土楼板，需和其他辅助的施工过程（搭设脚手架、现浇圈梁等）相互配合。如钢筋混凝土框架结构主体结构工程的主导施工过程为安装模板、绑扎钢筋和浇筑混凝土，需和其他辅助的施工过程（现浇构造柱、填充墙、隔墙施工等）相互配合。

根据施工工艺或施工组织的要求，将相邻的施工过程按照流水作业图表搭接起来，即可形成单位工程施工进度计划的初始方案。

7. 检查和调整施工进度计划初始方案

在编制施工进度计划初始方案时，考虑的因素很多，往往会出现各种问题，因此必须进行检查和调整，使其满足合同规定的要求，以便确定最合理的施工进度计划。其内容如下：

（1）各施工过程的施工顺序、技术间歇时间和平行搭接时间是否合理。

（2）初始方案的计划工期是否满足合同工期的要求。

（3）主要工种的工人是否能够连续、均衡地施工，施工机械是否能够被充分利用。

（4）各种资源的供应能力是否满足要求，资源需要量是否均衡。

为了反映劳动力消耗的均衡情况，通常采用劳动力消耗动态图表示。劳动力消耗的均衡性指标可以采用劳动力不均衡系数（K）来评估：

$$K = \frac{R_{\max}}{R} \tag{5-6}$$

式中　K——劳动力不均衡系数；

　　　$R_{\max}$——施工期现场高峰期人数；

　　　R——施工期平均人数。

劳动力不均衡系数一般接近于 1，通常不超过 1.5。

通过检查，对不符合要求的项目要进行调整，如延长或缩短某些施工过程的持续时间；在满足施工工艺的前提下，调整某些施工过程的开始时间；必要时还可以改变施工方法或施工组织措施。

8. 编制正式施工进度计划

施工进度计划的编制步骤是相互依赖、相互联系的，而不是孤立的。土木工程施工是一个复杂的生产过程，影响因素非常多，在组织施工中随着客观条件的变化还需对主观计划进行调整，它是一个动态的管理过程，变化是永恒的，不变是暂时的。调整和改变是正常的，目的是使计划永远处于最佳状态。通过对初始方案的检查和调整，就可以编制正式的施工进度计划。

第五节 资源配置计划

单位工程施工进度计划编制完成以后,根据施工图纸、施工方案、工程量计算资料以及施工进度计划等有关资料,编制资源配置计划。

资源配置计划包括劳动力需要量计划、主要材料需要量计划、构件和半成品需要量计划、施工机械需要量计划。

一、劳动力需要量计划

劳动力需要量计划是安排劳动力、调配和衡量劳动力消耗指标,安排生活福利设施的主要依据。其编制方法是将施工进度计划表上每天需要的施工人数按工种进行汇总而得到如表5-2所示的表格形式。

表5-2 劳动力需要量计划

序号	工种名称	劳动量/工日	月							
			1	2	3	4	5	6	7	…

二、主要材料需要量计划

主要材料需要量计划是安排备料、确定仓库和堆场面积、组织运输的主要依据。其编制方法是根据施工预算中工料分析表、材料消耗定额、施工进度计划表,将施工中所需材料按名称、规格、数量、使用时间进行汇总得到如表5-3所示的表格形式。

表 5-3 主要材料需要量计划

序号	材料名称	规格	需要量		供应时间	备注
			单位	数量		

三、构件和半成品需要量计划

构件和半成品需要量计划可根据施工图、施工方案、施工方法和施工进度计划编制。它主要用于落实加工订货单位，并按照所需规格、数量、时间组织加工和运输，确定仓库和堆场。其表格形式见表 5-4。

表 5-4 构件和半成品需要量计划

序号	品名	规格	图号	需要量		使用部位	加工单位	供应日期	备注
				单位	数量				

四、施工机械需要量计划

施工机械需要量计划根据施工预算、施工方案、施工进度计划编制。它主要用于确定施工机械的类型、数量、进场时间,据此落实机械来源,组织进场。其编制方法是将单位工程施工进度计划中的每一个施工过程每天所需的机械类型、数量和施工日期进行汇总得到如表5-5所示的表格形式。

表5-5　施工机械需要量计划

序号	机械名称	类型、型号	需要量		货源	使用起止时间	备注
			单位	数量			

第六节　单位工程施工平面图

单位工程施工平面图是对拟建工程施工现场的平面规划和空间布置。它是施工总平面图的组成部分。单位工程施工平面图是施工准备工作的一项重要内容,是实现有组织、有计划地进行施工的重要条件,也是施工现场文明施工的重要保证。它根据工程规模、特点和施工现场的条件,按照一定的设计要求,正确处理施工期间各种暂设工程和永久性设施及拟建工程之间的合理位置关系。因此,科学合理地进行单位工程施工平面图设计,不仅可以顺利完成施工任务,而且能提高施工效率。

单位工程施工平面图的绘制比例一般为1∶100~1∶500。

一、单位工程施工平面图的设计内容

单位工程施工平面图的设计内容有：

（1）建筑总平面图上已有和拟建的地上、地下的一切房屋、构筑物以及其他设施（道路和各种管线）的位置和尺寸。

（2）测量放线标桩位置、地形等高线和土方取弃场地。

（3）垂直运输设备的布置位置（如塔式起重机、施工电梯的布置）。

（4）生产、生活用临时设施的布置位置（如搅拌站、加工车间、仓库、办公室、食堂、宿舍、供水及供电管线、运输道路、通信线路的布置等）。

（5）各种材料、构件、半成品的仓库或堆场。

（6）一切安全及防火设施的位置。

二、单位工程施工平面图的设计依据

单位工程施工平面图的设计依据有：

（1）自然条件调查资料。包括气象、水文、地形、地貌及工程地质资料。

（2）技术经济调查资料。包括水源、电源、物资资源、交通运输、生产和生活基地情况。

（3）建筑总平面图。包括地上、地下的一切房屋、构筑物以及其他设施。它是正确确定临时房屋以及其他设施位置、修建施工现场临时运输道路等所需的资料。

（4）已有或拟建的地下、地上的管道位置图。在进行单位工程施工平面图设计时，需考虑利用这些管道，不得在拟建的管道位置上修建临时设施。

（5）建设工程区域的竖向设计图和土方平衡图。这是布置水电管网以及土方工程的挖填、取土、弃土地点的主要依据。

（6）施工方案。根据施工方案可以确定垂直运输机械的数量、位置。

（7）单位工程施工进度计划。据此可分阶段对施工现场进行布置。

（8）各种资源需要量计划。据此合理确定仓库、堆场的位置和面积。

三、单位工程施工平面图的设计原则

单位工程施工平面图的设计原则有：

（1）在保证施工质量和满足现场施工顺利进行的前提下，布置紧凑，尽量不占农田，节约用地，方便现场管理。

（2）在满足施工的前提下，尽量减少临时设施搭设数量，降低临时设施费用。

（3）尽量减少场内运输，减少或避免场内材料、构配件的二次搬运，合理布置现场的运输道路以及各种材料堆场或仓库的位置，降低施工成本。

(4) 临时设施的布置要符合功能分区的原则，减少生产和生活的相互干扰，便于施工现场工人的生产和生活。

(5) 施工平面图的布置要符合劳动保护、安全生产和消防的要求。

四、单位工程施工平面图的设计步骤

单位工程施工平面图的设计步骤一般为：确定起重机械的位置→确定搅拌站、仓库、加工厂、材料和构件堆场的位置→运输道路的布置→行政管理和文化生活临时设施的布置→水电管网的布置。

（一）确定起重机械的位置

起重机械的位置是施工现场布置的核心，应当首先确定。它直接影响搅拌站、加工厂、仓库、材料及构件堆场、道路和水电管网的布置。由于各种起重机械的性能不同，其布置方式也不相同。

1. 固定式垂直运输机械

固定式垂直运输机械包括井架、龙门架、桅杆、施工电梯等。主要根据机械性能、拟建建筑物的平面形状和尺寸、施工段的划分、材料进场方向及运输道路情况综合考虑。布置原则是充分发挥垂直运输机械的工作效率，使地面和楼面的水平运距最小。布置时应考虑下列因素：

（1）当拟建建筑各部分的高度相同时，应布置在施工段的分界线附近。

（2）当拟建建筑各部分的高度不相同时，应布置在高低分界线较高部位一侧。这样布置方便楼面上各施工段的水平运输，彼此互不干扰，提高施工效率。

（3）井架、龙门架、施工电梯宜布置在窗洞口处，应避免砌墙留槎和减少井架拆除后的修补工作。

（4）井架、龙门架的数量要根据施工进度计划、垂直运输量、台班工作效率等因素确定。

（5）卷扬机和井架、龙门架位置不宜靠得太近，以方便司机能够看到整个升降过程。

2. 有轨式起重机械

有轨式起重机械的轨道通常沿拟建建筑的长向布置，其位置、尺寸取决于建筑物的平面形状和尺寸、构件重量、起重机的性能及周围施工现场的具体条件。轨道布置有四种方式：单侧布置、双侧布置或环形布置、跨内单行布置和跨内环形布置。当建筑物宽度较小，构件重量不大时，应采用单侧布置方式；当建筑物宽度较大，构件重量较大时，应采用双侧布置或环形布置；当建筑物周围场地狭窄，不能在建筑物外侧布置轨道，或建筑物较宽，构件较重时，塔式起重机只有采用跨内单行布置，才能满足技术要求；当建筑物较宽，构件较重时，塔式起重机跨内单行布置不能满足结构吊装要求，应采用跨内环形布置。

轨道布置完成后，还应绘制塔式起重机的服务范围，确保建筑物的平面处于塔式起重机回转半径的有效覆盖范围，尽量避免出现死角。由于轨道式塔式起重机占用施工场地大，路

基工作量大,使用高度受到一定限制,通常适用于较低的建筑物。特别是其稳定性较差,目前已逐渐退出施工领域。

3. 无轨自行式起重机械

无轨自行式起重机械包括履带式、汽车式和轮胎式三种。它们通常不用做水平运输和垂直运输,主要做构件的装卸和起吊。其适用于装配式单层工业厂房主体结构的吊装,起重机的开行路线和停机位置与起重机的性能、构件的尺寸、构件的重量、构件的平面布置、结构吊装方法等许多因素有关。

(二) 确定搅拌站、仓库、加工厂、材料和构件堆场的位置

搅拌站、仓库、加工厂、材料和构件堆场的位置应尽量靠近使用地点或在起重机回转半径之内,以方便起重机的装卸和运输。

1. 搅拌站的布置

混凝土搅拌有现场搅拌混凝土和商品混凝土两种方式。

对于现场搅拌混凝土,搅拌站的位置应尽量靠近使用地点或垂直运输机械;搅拌站应有后台上料的场地,所用的砂、石、水泥、水都应该布置在搅拌站附近,减少材料运输的水平距离;当浇筑基础混凝土时,由于浇筑量较大,搅拌站可以布置在基坑边缘,待混凝土浇筑完成后再转移,同样也可以减少混凝土运输的距离。

使用商品混凝土施工,可以不考虑现场混凝土搅拌站的布置问题。

2. 仓库的布置

仓库要预先通过计算确定面积,根据各施工阶段所需材料的先后顺序进行布置。如水泥库宜选择地势较高、排水方便的地方布置,易燃品仓库的布置应符合防火要求。

3. 加工厂的布置

加工厂如木工棚、钢筋加工棚,宜布置在离建筑物较远的地方,且应有一定的材料、成品的堆放场地。

4. 材料和构件堆场的布置

材料和构件堆场的布置,在满足施工进度要求的前提下,优先考虑分期分批进场,降低施工成本。如基础及底层所用的材料宜布置在建筑物周围,并距坑、槽边不小于 0.5 m,以免造成塌方事故。二层以上所用材料可适当布置得远一些,按照施工顺序的要求,合理进行布置,减少材料和构件堆场所占场地面积。

(三) 运输道路的布置

施工现场的主要运输道路应尽可能利用永久性道路的路面或路基,以节约施工费用。现场施工道路的布置要保证车辆通行畅通,运输道路布置成环形,车辆的转弯半径符合要求。通常单行道不小于 3.5 m,双行道不小于 6.5 m,道路两侧结合地形设置排水沟。

(四) 行政管理和文化生活临时设施的布置

临时设施分为生产性临时设施和非生产性临时设施。布置生产性临时设施和非生产性临

时设施时，最重要的一点就是功能分区要明确，避免生产和生活相互干扰，确保施工现场的安全生产。生产性临时设施包括仓库、加工棚等，其布置在前面已经介绍。非生产性临时设施包括办公室、工人休息室、门卫室、开水房、食堂、浴室、厕所等，其布置要考虑使用方便，有利于施工，符合安全、防火的要求。如门卫室的设置宜安排在现场出入口处，办公室的安排宜靠近施工现场。

（五）水、电管网的布置

1. 施工临时用水管网的布置

施工临时用水包括现场施工用水、施工机械用水、施工现场生活用水、生活区生活用水、消防用水。考虑使用过程中水量的损失，分别计算以上各项用水量以后，才能计算总用水量。

在保证不间断供水的情况下，管道铺设越短越好，同时还需考虑施工期间各段管网移动的可能性。主要供水管网宜采用环状布置，尽量利用已有的或永久性管道，管径要经过计算确定。过冬的临时水管须埋入冰冻线以下或采取保温措施，工地内要设置消火栓，消火栓距离建筑物不小于 5 m，也不大于 25 m，距离路边不大于 2 m，条件允许时，可利用城市或建设单位的永久性消防设施。

2. 施工临时用电线路的布置

单位工程施工用电应在施工总平面图中一并考虑，只有独立的单位工程施工时，才计算出现场施工用电量。选择变压器以及导线的截面和类型，变压器的位置应布置在现场边缘高压线接入处，但不宜布置在交通要道出入口处。

土木工程施工是一个复杂多变的生产过程，各种施工机械、材料、构配件等随着工程的进展逐渐进场，又随着工程的进展逐渐消耗和变动。在整个施工过程中，现场的实际情况是多变的，因此，对施工现场的管理也是一个动态的过程。对于较小的建筑物，通常是按照主要施工阶段的要求进行施工平面图布置，但同时需要考虑其他施工阶段如何合理地使用已有的施工平面图，或者对现有的施工平面图进行微小的调整来满足使用要求。对于大型建筑工程，施工期限较长或施工场地狭小的建筑工程，必须按照施工阶段来布置几个施工平面图，不同的施工阶段对应不同的施工平面图，只有这样才能把现场的合理布置正确表达出来，满足不同情况下生产的需要。

思考题

1. 简述单位工程施工组织设计的编制依据。
2. 简述单位工程施工组织设计的编制程序。
3. 单位工程施工组织设计的内容有哪些？
4. 单位工程施工部署包括哪些内容？
5. 确定施工顺序应遵循哪些原则？

6. 简述确定施工顺序的基本要求。

7. 试分别简述多层砖混结构居住房屋、钢筋混凝土框架结构房屋、装配式钢筋混凝土单层工业厂房的施工顺序。

8. 单位工程施工机械的选择应主要考虑哪些因素?

9. 试述技术组织措施的主要内容。

10. 简述单位工程施工进度计划的作用。

11. 简述单位工程施工进度计划的分类。

12. 简述单位工程施工进度计划的编制依据。

13. 简述单位工程施工进度计划的编制步骤。

14. 资源配置计划包括哪些内容?

15. 什么是封闭式施工?什么是敞开式施工?各有何特点?

16. 简述单位工程施工平面图的设计内容。

17. 简述单位工程施工平面图的设计依据。

18. 简述单位工程施工平面图的设计原则。

19. 简述单位工程施工平面图的设计步骤。

参 考 文 献

[1] 建筑施工手册编写组．建筑施工手册［M］．4版．北京：中国建筑工业出版社，2003．

[2] 中华人民共和国住房和城乡建设部．JGJ/T 121—2015 工程网络计划技术规程［S］．北京：中国建筑工业出版社，2015．

[3] 全国二级建造师执业资格考试用书编写委员会．建设工程施工管理［M］．北京：中国建筑工业出版社，2009．

[4] 全国造价工程师执业资格考试培训教材编审委员会．建设工程技术与计量（土建工程部分）［M］．北京：中国计划出版社，2006．

[5] 毛鹤琴．土木工程施工［M］．武汉：武汉工业大学出版社，2000．

[6] 危道军．建筑施工组织［M］．北京：中国建筑工业出版社，2004．

[7] 杨秋学．网络计划技术及其应用［M］．北京：中国水利水电出版社，1999．

[8] 赵志缙，应惠清．建筑施工［M］．4版．上海：同济大学出版社，2004．

[9] 刘宗仁．土木工程施工［M］．北京：高等教育出版社，2003．

[10] 吴贤国．土木工程施工［M］．北京：中国建筑工业出版社，2010．

[11] 刘津明，孟宪海．建筑施工［M］．北京：中国建筑工业出版社，2001．

[12] 全国监理工程师培训教材编写委员会．工程建设进度控制［M］．北京：中国建筑工业出版社，1997．

[13] 蔡雪峰．建筑施工组织［M］．武汉：武汉工业大学出版社，1997．

[14] 周银河．建筑施工组织与预算［M］．北京：中央广播电视大学出版社，1986．

[15] 邓学才．施工组织设计的编制与实施［M］．北京：中国建材工业出版社，2000．

[16] 中华人民共和国住房和城乡建设部，中华人民共和国国家质量监督检验检疫总局．GB/T 50502—2009 建筑施工组织设计规范［S］．北京：中国建筑工业出版社，2009．

[17] 李珠，苏有文．土木工程施工［M］．武汉：武汉理工大学出版社，2007．

[18] 吴贤国．建筑工程概预算［M］．2版．北京：中国建筑工业出版社，2007．

[19] 程鸿群，姬晓辉，陆菊春．工程造价管理［M］．2版．武汉：武汉大学出版社，2010．

[20] 肖跃军，周东明，赵利，等．工程经济学［M］．北京：高等教育出版社，2004．

［21］何亚伯．建筑工程经济与企业管理［M］．2版．武汉：武汉大学出版社，2009.

［22］祝彦知，续晓春．土木工程施工［M］．郑州：黄河水利出版社，2013.

［23］杨平均．建筑施工组织［M］．徐州：中国矿业大学出版社，1999.

［24］全国二级建造师执业资格考试用书编写委员会．建设工程法律法规选编［M］．北京：中国建筑工业出版社，2009.